U0233831

国家自然科学基金项目“奶牛福利保障技术采纳：强度测度、效应评估与决策驱动”

国家社会科学基金项目“承接农业公益性服务功能的经营性服务组织培育研究”

中国博士后基金项目“基于递阶路径与门限约束的奶牛福利经济效应研究”

教育部人文社会科学项目“‘保险+期货’模式是猪肉市场价格波动的稳健器吗——基于非对称价格传导视角的研究”

黑龙江省哲学社会科学规划一般项目“奶业振兴背景下动物福利实施对奶牛养殖业发展的关联效应研究”阶段成果

中国农场动物福利社会经济效应研究

A Study on the Social and Economic Effects of Farm Animal Welfare

姜 冰 崔力航 李翠霞◎著

人民出版社

策划编辑:郑海燕
责任编辑:孟　雪
封面设计:牛成成
责任校对:周晓东

图书在版编目(CIP)数据

中国农场动物福利社会经济效应研究/姜冰,崔力航,李翠霞 著. —北京:人民出版社,2023.10
ISBN 978-7-01-025945-1

Ⅰ.①中…　Ⅱ.①姜…②崔…③李…　Ⅲ.①农场-动物福利-研究-中国　Ⅳ.①S815

中国国家版本馆 CIP 数据核字(2023)第 170661 号

中国农场动物福利社会经济效应研究

ZHONGGUO NONGCHANG DONGWU FULI SHEHUI JINGJI XIAOYING YANJIU

姜 冰　崔力航　李翠霞　著

人民出版社 出版发行
(100706　北京市东城区隆福寺街 99 号)

中煤(北京)印务有限公司印刷　新华书店经销

2023 年 10 月第 1 版　2023 年 10 月北京第 1 次印刷
开本:710 毫米×1000 毫米 1/16　印张:16.75
字数:200 千字

ISBN 978-7-01-025945-1　定价:86.00 元

邮购地址 100706　北京市东城区隆福寺街 99 号
人民东方图书销售中心　电话 (010)65250042　65289539

目　录

前 言

世界动物保护协会(WSPA)将动物分为农场动物、实验动物、伴侣动物、工作动物、娱乐动物和野生动物6类。欧盟于1998年颁布的《关于保护农畜动物的理事会指令》中将农场动物定义为"由个人、家庭、社群、联合体或公司组成的规模可以从数头到成千上万头不等的生产各种畜牧产品的生产单位、生产组织或生产企业,为了食物、毛、皮革或者毛皮产出为目的饲养或拥有的动物"。在中国泛指家庭经营和规模化经营中可以转化为肉、蛋、奶、毛绒、皮、丝、蜜等动物性产品的畜禽。

党的十八大以来,我国畜牧业转型升级步伐加快,养殖集约化和规模化程度大幅提高。特别是2020年9月,《国务院办公厅关于促进畜牧业高质量发展的意见》中提出畜牧业要"形成产出高效、产品安全、资源节约、环境友好、调控有效的高质量发展新格局"的总体要求。由此,推进畜牧业高质量发展成为确保重要畜产品有效供给的必然要求和维护生态安全的重大举措,对于推进乡村振兴、保障粮食安全、建设健康中国具有重大意义。然而,生产方式的先进性并不代表其合理性,在人为控制下进行的高效生产活动以及“利润最大化”目标驱动下的经营方式，会导致农场动物的整体福利水平下降，并诱发诸多问题，如饲料资源约束仍然趋紧、动物疫病风险长期存在、畜禽养殖环境污染压力日益增大、畜产品质量安全问题频繁出现、畜产品出口遭受动物福利壁垒阻碍等。

动物福利作为协调“人类—动物—环境”，确保畜牧业可持续发展的经济社会发展规律，已得到国际社会普遍认同。根据世界动物卫生组织（WOAH）编撰的《陆生动物卫生法典（2019）》，动物福利指动物身心状况与其生存和死亡条件相关的状态。良好的动物福利状况应符合健康、舒适、安全、喂养良好、能够表现本能行为，且无疼痛、恐惧和应激等条件。动物福利遵循生理福利、环境福利、卫生福利、心理福利和行为福利的“五大自由”原则。

畜禽生产系统是一个由自然、经济和社会等密切耦合而成的人畜共生系统，农场动物福利水平将直接影响人类自身福利和社会整体福利。2015 年联合国粮食及农业组织（FAO）倡导“同一健康，同一福利”（One Health，One Welfare）的农场动物福利理念，认为动物福利与食品安全、健康、环境、生态等系统密切相关，并将农场动物福利纳入 2030 年可持续发展议程。2022 年联合国环境大会通过了一项“动物福利—环境—可持续发展关系”决议，指出动物福利是解决环境问题、实现可持续发展的有效助力。农场动物福利主张在人类需要和动物需要之间寻找一种平衡，人类应对畜牧生产的具体方式进行优化选择，建立一种即使动物享有福利又能提高动物利用价值的共生关系。由此，改善农场动物福利，不仅成为践行畜牧业可持续发展理念的理性选择，更是新发展格局下促进畜牧业高质量发展的新生动力。

畜牧业发达国家关于动物福利的研究已较为成熟，社会科学领域研究内容包括动物福利伦理与立法、生产者福利养殖行为与成本收益、消费者动物福利畜产品购买行为与支付意愿等；自然科学领域研究内容要从动物行为学和动物心理学角度出发，探讨生产实践中动物福利改善及其效应等诸多方面。然而，受经济发展水平和现实社会文化的制约，中国的动物福利发展尚处于起步阶段，表现为国民认知程度低，专业教育不足，科学研究不充分，专项立法、国家标准、评价体系及监管部门缺失等。随着中国参与农场动物福利事务程度不断加深，2018 年联合国粮食及农业组织和中国农业国际合作促进会等 16 家国际机构在北京召开的世界农场动物福利大会上共同签署了“北京共识”，承认农场动物福利在支持农业高质量发展、推动粮食安全和营养等方面的重要作用，鼓励各国改善农场动物福利方面的技术应用。“高质量的可持续”的农场动物福利理念已逐渐受到国内专家学者、行业组织和政府机构的广泛关注。基于此，本书聚焦中国畜牧业高质量发展中的农场动物福利社会经济效应问题。

首先，论证了农场动物福利是推动畜牧业高质量发展的内在逻辑与现实依据。从农场动物的养殖、运输和屠宰环节中提炼出能改善农场动物福利的关键环节，结合“五大自由”原则，构建农场动物福利系统。从可持续发展的“三大内涵”出发，阐释农场动物福利系统对畜牧业高质量发展产生的生态效应、经济效应与社会效应。同时，通过畜牧业发展中环境与资源双重约束持续增强、质量效益与竞争力仍需持续提升、健康中国与道德法治建设持续推进的现实背景，审思农场动物福利推动中国畜牧业高质量发展的实践价值。

其次，剖析中国农场动物福利研究及社会科学领域发展态势。基于中国知网(CNKI)的学术期刊数据库，借助文献计量工具，依次通过统计分析和合作网络分析、关键词共现和聚类分析、高被引文献和关键词突现分析，揭示中国农场动物福利研究的研究进展、热点问题及前沿趋势。同时，基于以往研究，阐释中国农场动物福利在社会认知、法律制度、行业标准、产业关键控制点及其经济学属性等社会经济领域的发展现状。

再次，探讨中国农场动物福利水平及生产者的农场动物福利决策行为。在总结蛋鸡、绵羊、育肥猪等农场动物的中国农场动物福利评价体系的基础上，以奶牛养殖业为例，构建规模化养殖场奶牛福利评价体系，测度中国农场动物福利水平。此外，构建嵌入奶牛福利指数的规模化养殖场原料奶收入函数，运用成本收益理论，检验规模化养殖场奶牛福利水平与经济效益的关系；以农户行为理论为支撑，分析生产经营者奶牛福利实施意愿及其引致性因素。

最后，探究中国公众对农场动物福利的态度及消费者的农场动物福利产品支付意愿。基于全国范围的调查数据，引入三维态度理论，比较分析不同维度结构、角色定位下公众态度的差异，测度公众农场动物福利态度，剖析公众农场动物福利态度的影响因素，进一步探究公众农场动物福利态度形成的层级效应。同时，基于现阶段国内市场中已出现的农场动物福利产品需求前景，依据消费者效用理论，采用条件价值评估法，设计具有农场动物福利属性的乳制品为假想性实验标的物，分析消费者对动物福利乳制品的支付意愿及其影响因素，探讨不同收入和不同偏好群体间支付意愿影响因素的差异。

本书是国家自然科学基金项目“奶牛福利保障技术采纳：强

度测度、效应评估与决策驱动”（项目编号：72203034）、国家社会科学基金项目“承接农业公益性服务功能的经营性服务组织培育研究”（项目编号：16CJY050）、中国博士后基金项目“基于递阶路径与门限约束的奶牛福利经济效应研究”（项目编号：2016M591507）、教育部人文社科项目“‘保险+期货’”模式是猪肉市场价格波动的稳健器吗——基于非对称价格转导视角的研究（项目编号：20YJC790102）、黑龙江省哲学社会科学规划一般项目“奶业振兴背景下动物福利实施对奶牛养殖业发展的关联效应研究”（项目编号：19JYB033）的阶段成果，本书出版得到黑龙江省现代农业产业技术协同创新推广体系“农业品牌创建岗位体系”、黑龙江省高端智库“东北农业大学现代农业发展研究中心”、东北农业大学“绿色食品产业发展战略研究团队”的支持。

本书编写责任分工为：姜冰、李翠霞负责编写第一章；姜冰、崔力航负责编写第三章、第六章；姜冰负责编写第二、四、五、七、八章。

本书在撰写过程中得到了以下人员在数据采集整理、分析加工和后期文字校对等方面的工作支持，他们是康祎梅、汤文洁、宗筱雯、于洋、赵金勇、丛馨禹、邓骁上、陈宏博、王一舒、黄舒媛，在此表示感谢。此外，本书参考并引用了相关的文献、图书等资料，借鉴和吸收了其中的研究成果，在此一并致谢。

限于时间与能力，书中尚有不足之处，恳请读者和同行批评指正！

姜　冰

2023 年 6 月

第一章 农场动物福利推动畜牧业高质量发展的逻辑与价值

第一节 内在逻辑

农场动物福利的有效实施要求对涉及农场动物养殖、运输和屠宰全过程中的饲喂、环境、疫病、行为与人畜关系全维度的福利问题进行改善，最终建立“人与动物”和谐共生关系，实现“生态—经济—社会”协同发展（见图 1-1）。本书遵循动物福利“五大自由”原则，针对世界动物卫生组织对动物福利的表述，结合国内《良好农业规范》中对猪、牛、羊、家禽福利的相关标准与国内现有农场动物福利评价相关研究，提炼出涉及养殖、运输和屠宰过程中能改善农场动物福利的关键共性维度，充分释放经济、社会和生态效应。以福利养殖环节为例，给予蛋用鹌鹑充足的活动空间，能够改善鹌鹑的环境福利，保证氧气供应，提高日增重等指标，为养殖户带来经济效益的同时，充足的空间还能避免拥挤造成羽毛或其他部位损伤，减少兽药使用与兽药残留，确保畜产品质量安全；给肉鸡播放适当的音乐，能够显著提高肉鸡的料肉比，提高经济收益。①②

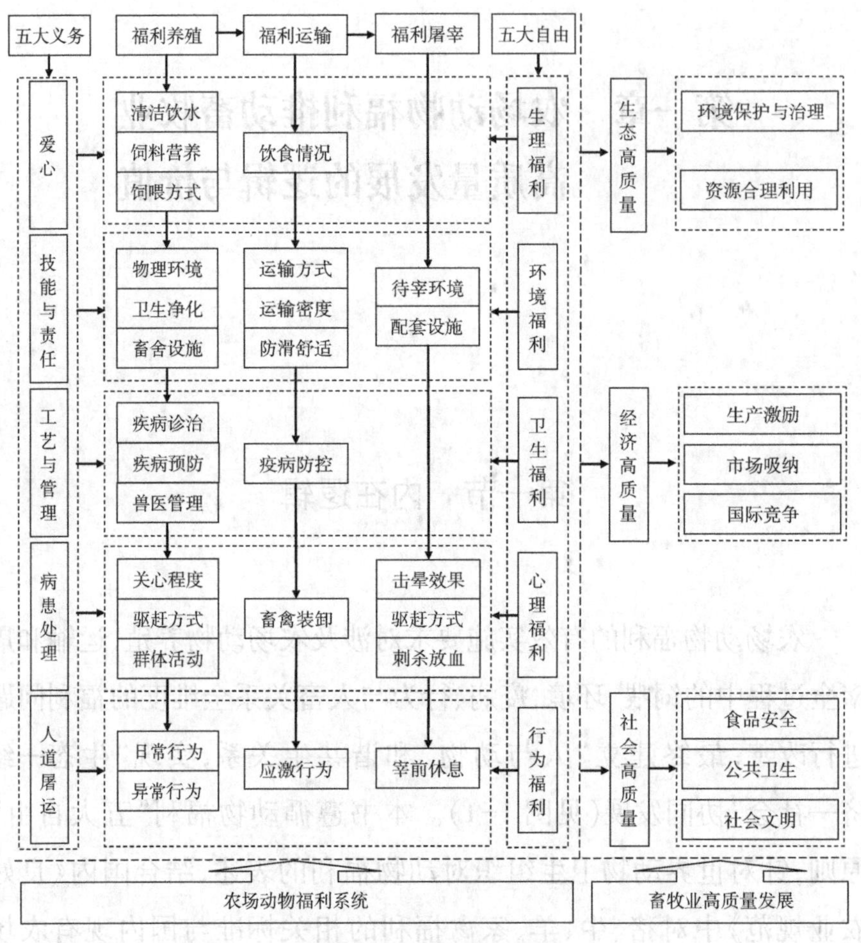

图 1-1　农场动物福利与高质量发展的内在逻辑

资料来源：笔者总结归纳整理出的逻辑图。

① 张东龙、赵芙蓉、武晓红、喻学良、刘阿妮、庞有志：《饲养密度对蛋用鹌鹑生产性能和行为的影响》，《家畜生态学报》2019 年第 9 期。

② 张峰、刘晓丹、姚昆等：《不同声音刺激对艾维茵肉鸡生产性能的影响》，《中国家禽》2012 年第 3 期。

一、农场动物福利的生态效应

（一）保护环境

畜禽对环境的污染主要来自其死亡的尸体和粪污排放。改善农场动物福利可以从前端饲养环节实现环境污染的有效控制，帮助养殖场节省后期污染处理成本。一方面，改善农场动物福利能够改善畜禽的生存环境，降低动物染病风险，提高存活率，减少产生的尸体数量。另一方面，改善农场动物福利能够提高畜禽生产效率，在出栏量相近的情况下使饲养量减少，实现适度规模养殖，从而减少粪污排放。如改善畜禽卫生福利，定期给奶牛接种疫苗、患病及时诊治等，能够降低奶牛乳腺炎、肢蹄病、子宫炎等疾病的发病率，降低死亡率。[①] 改善畜禽环境福利中的温度指标，使猪只处在适宜温度环境下，能够保持猪胃肠道内消化酶活性，提高营养物质消化率，从而促进育肥猪日增重，提高猪只生产效率，有效降低粪污排放量。[②]

（二）节约资源

随着畜牧业养殖规模的逐步扩大，畜禽养殖对饲料的需求日益增长，仅寻求饲料总量上的扩张难以解决饲料供应短缺问题，合理高效地利用现有饲料资源成为缓解饲料供需矛盾、破解资源约束瓶颈的重要路径。改善农场动物福利可以实现饲料资源合理利用。如改善畜禽生理福利中的饲料营养指标，在犊牛基础日粮中

---

①　任金春、乔小亮、王雪、陈鹏举、解金辉、张光辉：《动物福利对奶源质量安全的影响分析及对策探讨》，《黑龙江畜牧兽医》2018 年第 18 期。

②　于潇滢、韩蕊、秦贵信：《环境温度对猪生产性能、养分消化和产热量的影响》，《黑龙江畜牧兽医》2017 年第 17 期。

加入50毫克/千克的乳化精油,料重比显著降低12.96%,饲料转化率提高。[①] 改善生理福利中的饲粮物理结构指标,何孟莲等(2021)研究表明,将粉料型饲粮制作成颗粒型饲粮,杜寒公羊的料重比从8.73下降到6.75,饲料转化率明显提高。[②]

二、农场动物福利的经济效应

(一)改善效益

畜禽业经营主体的经济效益与农场动物福利水平密切相关。尽管改善动物福利需要增加一定投入,但其能够通过适度规模与适度福利相结合的健康养殖模式,改善动物的健康状况,更大程度地发挥动物的遗传潜力,提高动物的生产性能,促进动物性产品质量的提高,增加优质产品带来的收益,进而实现畜牧业高质量生产所追求的增收目的。[③] 有研究表明,改善育肥猪的心理福利,为其设置玩具,能够增加猪只采食量和体重增长量,其中1.35平方米/头的饲养空间下,设置玩具后生产效益提高7.03元/头。[④] 同时,改善肉羊环境福利中的舍饲环境指标与生理福利中的饲喂、饮水指标,实施人道运输和屠宰,能够有效地改善羊肉品质,这种福利养殖模式的养殖成本比普通养殖高出约7.75%,平均利润却比

① 李娟花:《乳化处理精油对犊牛生长性能、血液代谢物及肠道菌群的影响》,《中国饲料》2021年第20期。

② 何孟莲、赵满达、程光民、张永翠、徐斐、孙德发、包全喜、徐相亭:《饲粮物理结构对杜寒公羊育肥及屠宰性能的影响》,《动物营养学报》2021年第9期。

③ 贾幼陵:《动物福利概论》,中国农业出版社2017年版,第18页。

④ 李永振、王朝元、黄仕伟、刘作华、王浩:《饲养密度和玩具对育肥猪生产性能、行为和生理指标的影响》,《农业工程学报》2021年第12期。

普通养殖高出 255.56%。[①]

（二）消费升级

动物福利作为健康的养殖模式，能够有效地提高动物源性产品的品质，满足消费者对高品质畜产品的需求，优化高品质畜产品市场结构，推动中国畜产品的消费升级。[②] 目前，畜牧业发达国家，动物福利产品所占市场份额不断增加。第四届中国动物福利与畜禽产品大会提到英国动物福利鸡肉产品已占市场份额的 30%，动物福利猪肉产品所占比重更是达到 50%；美国动物福利产品销售量以每年平均 10%的速度增长。国外有关农场动物福利化产品消费认同的研究对象已涵盖肉、蛋、奶三大类动物源产品，研究结论大多显示消费者愿意为福利友好产品支付更高的价格。[③] 根据动物福利国际合作委员会（ICCAW）发布的数据，2020 年全世界已有接近 2.6 亿只农场动物经过动物福利国际认证，约有 6500 家农场和加工商获得动物福利国际认证，6.5 万个超市和经销商在世界各地销售动物福利国际认证的产品。

（三）贸易促进

作为动物源产品进口的技术门槛，动物福利壁垒的出现也可视为改革国内立法、提升动物福利保护观念，切实改善农场动物福

① 郑微微、沈贵银：《我国农场动物福利养殖经济效益评价——以内蒙古富川饲料科技股份有限公司为例》，《江苏农业科学》2017 年第 21 期。

② 王常伟、刘禹辰：《改善农场动物福利的经济机理、民众诉求与政策建议》，《云南社会科学》2021 年第 6 期。

③ Ortega, D.L., Wolf, C.A., "Demand for Farm Animal Welfare and Producer Implications: Results from a Field Experiment in Michigan", *Food Policy*, Vol.74, 2018, pp.74-81.

利的良机，为畜产品国际贸易创造新的商机。符合高福利标准的高附加值产品将会提高畜产品的国际竞争优势。美国对进口畜禽产品有严格的检验检疫标准，并从2003年开始对符合动物福利标准条件下生产的牛奶和牛肉加贴“人道养殖”的认证标签。2014年美国纺织品交易所(Textile Exchange)主导制订了责任羽绒标准(Responsible Down Standard)，其中涵盖了养殖、屠宰和运输等环节的动物福利标准。欧盟对进口的动物源产品也实行严格的市场准入制度，对动物的饲养、运输、屠宰和手术都做了详细的规定，在进口畜产品时要求供货方必须提供畜禽在饲养、屠宰和运输过程中，没有遭受虐待的证明。2021年欧洲议会通过了在2027年前欧盟将全面禁止笼养蛋鸡的决议，还要确保进口到欧盟市场的肉蛋产品都应该符合非笼养标准。2021年正大食品认证了泰国首个非笼养鸡蛋生产标准。纳米比亚通过实行严格的动物福利标准打开了欧盟市场，其牛肉产品因安全、健康而赢得竞争优势，极大地提升了产品的附加值。

三、农场动物福利的社会效应

(一)保障公共安全

改善动物福利能够通过改善养殖条件、卫生条件、运输条件等，使畜禽身体机能正常，心情愉悦，自由表达行为，提高畜禽自身抵抗力，减少其患病或受伤，降低人畜共患的风险，保证公共卫生安全；同时畜禽患病、受伤率的降低，能够减少兽药使用，降低畜产品中兽药残留风险，保证畜禽食品安全。福利化养殖的畜产品来自未接受不必要抗生素的动物，且饲养密度适度，饲养模式对动物和环境友好健康，能有效确保动物源性食品的安全可靠。在养殖过程中改善畜禽行为福利，满足青年奶牛每天至少需要12—13小时躺卧休息的需求，能够减少肢蹄病的发生，减少抗生素等兽药的使用，减少牛奶兽药残留风险。[①] 在运输过程中改善动物福利，例如，对运输车辆做好通风换气、避雨防晒，选择路况较好的运输路线等，能够避免由于运输环节不够规范，带来的颠簸、挤压和摩擦等造成的运输应激，缓解由于运输应激导致的体温调节障碍、新陈代谢紊乱、抗病能力下降等问题，减少动物在运输过程中的患病风险。[②]

（二）促进社会文明

改善动物福利，保障动物生活舒适、安全和健康，让动物能表达天性、免受痛苦和恐惧，拥有良好的生理和心理状态，推进人与动物和谐相处，是社会观念文明进步的标志；健全动物福利保护法制体系和评价体系，使动物福利保护有科学的标准和统一的规范，是社会制度文明进步的重要标志。农场动物福利事业发展较好的国家，一方面，拥有健全的动物福利立法。英国的《动物屠宰福利法》中规定在屠宰过程中要避免动物不必要的痛苦，禁止以任何宗教的方式进行屠宰，违者将处以罚款或3个月以下监禁。葡萄牙的《动物福利法》规定动物必须被善待，并且对动物的饮食甚至社会交往都作出了规定，如果动物因为与外界交往不够而精神紧

① 任金春、乔小亮、王雪、陈鹏举、解金辉、张光辉：《动物福利对奶源质量安全的影响分析及对策探讨》，《黑龙江畜牧兽医》2018年第18期。

② 赵硕、张国平、阿丽玛、李杜文、列琼、张玉：《中国肉羊运输环节动物福利的规范研究》，《家畜生态学报》2018年第8期。

张，主人将被处以巨额罚款或半年以下监禁。[1] 另一方面，拥有完善的农场动物福利评价体系。奥地利的 TGI-35 体系（Tier Gerechtheits Index）被广泛地用于评估有机农场的动物福利，目前已经应用于奶牛、肉牛、产蛋鸡、育肥猪、怀孕母猪的福利水平评价。基于兽医临床观察和诊断的因素分析评价体系主要关注影响畜禽健康和生产指标的因素权重，通过收集畜舍和畜禽疾病健康相关数据来对畜禽动物福利进行评价。畜舍生产系统评价体系旨在对畜禽舍饲设备进行预评价，瑞士、瑞典和挪威已经正式批准执行该评价体系。危害分析关键点体系主要从食品安全角度，检测各种危险因素，已成为许多国家食品安全和卫生方面立法的必要条件。欧盟“福利质量”计划（Welfare Quality）采用统一的方法，主要针对猪、牛、鸡不同的动物品种制定出了一套综合性、标准化、以动物为基础的评级体系，关注在农场、运输和屠宰的过程中的饲喂系统、生存条件、健康状况和自然行为。

第二节　价值审思

一、环境与资源双重约束持续增强

（一）环境治理源头减量刻不容缓

畜牧业规模化进程的加快带来了巨大的污染问题，畜牧业废弃物已经成为农业面源污染的主要来源。据国家统计局数据显

① 严火其：《世界主要国家和国际组织动物福利法律法规汇编》，江苏人民出版社 2015 年版，第 10 页。

示,“十三五”期间,中国生猪饲养量以年均 2.91%的速度下降,牛的饲养量以及羊、家禽出栏量分别以 1.35%、2.59%和 5.45%的年均增速增长,2020 年分别达到约 4.07 亿头、0.96 亿头、3.19 亿头和 155.70 亿只。畜禽尸体数量方面,按畜禽养殖过程中普遍认可的正常死亡率 8%—10%来推算,2020 年全国猪、牛、羊、家禽的死亡量分别为 3252.03 万头、764.96 万头、2452.38 万头和 12.46 亿只。粪污排放量方面,全国每年的畜禽粪污总产量达到 38 亿吨。[①] 畜禽尸体与排泄物中含有高浓度的氮、磷、重金属离子和抗生素等有害物质,会造成大量难以被环境降解的污染。自 2014 年以来,中央一号文件中 6 次提到畜禽污染综合治理,相继出台了畜禽规模养殖污染防治的相关文件。[②] 在畜禽污染治理过程中,相关法规、政策及舆论等将注意力放在了治理排污口污染的“末端处理模式”上,极少关注源头减量问题。这种只着眼于末端治理的做法,基建投资与后期运行成本高昂,导致很多养殖场无力承担,乱排乱放现象普遍发生。农场动物福利在保护环境层面释放的生态效应可以实现环境治理源头减量。

(二)饲料资源紧缺压力与日俱增

饲料粮供应已成为中国粮食安全重点问题之一。优质饲料短缺已经成为制约中国畜牧业发展的限制因素。[③] 从饲料供需情况来看,饲料总产量在 2016 年实现达峰 2.91 亿吨,此后以年均 5.11%

① 尹芳、杨智明、张无敌、赵兴玲、吴凯、王昌梅、柳静、杨红、毛羽、刘士清:《畜禽粪污综合利用对土壤肥力和持续农业的影响分析》,《中国沼气》2019 年第 3 期。

② 赵玥、李翠霞:《畜禽粪污治理政策演化研究》,《农业现代化研究》2021 年第 2 期。

③ 郭世娟、胡铁华、胡向东、宿杨:《“粮改饲”补贴政策该何去何从——基于试点区肉牛养殖户的微观模拟》,《农业经济问题》2020 年第 9 期。

的速度下降至2019年的2.62亿吨。以生猪产业为例，作为耗粮型牲畜，其所食用的优质玉米主要产地是东北地区，由于2020年遭受严重台风天气，饲用玉米减少500万—1000万吨，降幅达7%—14%。随着2021年生猪养殖进一步恢复，猪饲料能量原料需求将达到1.23亿吨，猪饲用优质玉米供应紧张，预计猪饲用玉米缺口1000万吨左右。[①] 以牛羊为主的节粮型牲畜对饲草需求巨大。农业农村部《"十四五"全国饲草产业发展规划》提出，"十四五"末期，为确保牛羊肉85%自给率和奶源70%自给率的目标，优质饲草的需求总量将超过1.2亿吨，尚有近5000万吨的缺口。从饲料转化率来看，以肉猪为例，根据新牧网的公开数据，料肉比每降低0.05，单头成本平均可节省15.3元，料肉比降低0.1，每头猪可节省10千克饲料，按照年出栏5亿头计算，节省饲料可达500万吨。"十四五"时期，以"粮改饲"为重要抓手，加快发展饲料产业，增加优质饲料供给，提高饲料转化效率是健全饲料供应体系的具体部署，是推进畜牧业高质量发展和确保饲料粮安全的重要任务。农场动物福利在节约资源层面释放的生态效应可以缓解饲料资源紧缺压力。

二、质量效益与竞争力仍需持续提升

（一）畜禽生产能力提高任务艰巨

中国畜牧业整体素质不断提高，自"十五"时期以来，中国的猪、牛、羊等主要牲畜出栏量均有所增加，畜牧产品产量增幅显著，

① 张勇翔、王国刚、陶莎、徐伟平：《2020年饲料产业发展状况、未来趋势及对策建议》，《中国畜牧杂志》2021年第6期。

供给数量稳定，肉类、禽蛋产量连续多年稳居世界第一位，奶类产量居世界第三位。[①] 但畜禽的繁殖性能、泌乳性能、产肉性能等经济性指标仍有待提高。[②] 生产性能无法充分释放，引致中国主要畜产品肉牛、肉猪、肉羊、奶牛、禽蛋、禽肉的胴体重及单产水平改善情况欠佳，制约了经营主体获得可持续性的经济效益。据联合国粮食及农业组织数据显示，2015—2021 年中国肉猪、肉牛、奶牛、蛋鸡的单产年均增速仅为 2.06%、0.19%、6.39%和 0.18%，蛋鸡单产水平保持不变，肉羊单产水平则呈现下降趋势，以年均 3.11%的速度下降至 13.4 千克/头（见表 1-1）。当前，通过全面提高生产性能助力畜禽生产能力提升成为这一时期畜牧业增收的关键之一。[③] 以奶牛养殖业为例，中国奶牛的实际寿命仅为 4.4 岁，相当于 2.5 胎次，较世界平均水平大约低 1.5 岁和 1.4 胎次，奶牛的可持续生产能力较弱。通过改善奶牛的生产性能，每头牛平均每天可减少奶损失 0.4 千克，年单产可增加约 120 千克，以 2 元/千克计算，可增加效益 240 元。农场动物福利在改善效益层面释放的经济效应可以有效提高畜禽产能。

表 1-1　中国畜牧业主要产业胴体重及单产水平

畜禽种类	2015 年	2021 年
肉猪（千克/头）	78.2	88.4
肉牛（千克/头）	146.6	148.3

① 于法稳、黄鑫、王广梁：《畜牧业高质量发展：理论阐释与实现路径》，《中国农村经济》2021 年第 4 期。

② 熊学振、杨春、马晓萍：《中国畜牧业发展现状与高质量发展策略选择》，《中国农业科技导报》2022 年第 3 期。

③ 熊学振、杨春、马晓萍：《中国畜牧业发展现状与高质量发展策略选择》，《中国农业科技导报》2022 年第 3 期。

续表

畜禽种类	2015 年	2021 年
肉羊(千克/头)	16.2	13.4
奶牛(吨/头)	6.0	8.7
肉鸡(千克/只)	1.3	1.3
蛋鸡(千克/只)	9.1	9.2

资料来源:荷斯坦杂志、东方戴瑞咨询编:《中国奶业统计资料》,2022 年版;联合国粮食及农业组织(见 https://www.fao.org/faostat/en/#data/QCL)。

(二)高品质畜产品需求趋多样化

我国居民消费调控政策的重心已经转到了“促升级与提质量”上。[①] 消费者对高品质畜产品的认可是畜产品消费提质升级的关键。绿色产品、有机产品、地理标志产品作为高品质农产品的代表,市场规模不断扩大,消费潜力不断释放。目前,绿色食品销售额超过 5000 亿元,同时根据《中国有机产品认证与有机产业发展报告》显示,有机食品消费市场也正以每年 25%的速度增长,有机产品总销量达到 99.9 万吨,总销售额达 804.5 亿元。如呼和浩特市消费者对高品质羊肉的有机认证属性支付溢价为 42.85 元/千克,相当于普通羊肉均价的 69.11%。[②] 消费者虽然对地理标志羊肉产品的认知水平不高,但是多数消费者存在购买意愿,半数以上消费者愿意支付的最高溢价在 10 元/千克以内。[③] 随着食品安全理念意识的不断强化,消费者不仅看重动物性食品的外在

① 邹红、彭争呈、陈建:《从解决温饱到全面小康:满足人民消费需要的体制机制变迁》,《消费经济》2021 年第 4 期。

② 刘志娟、赵元凤:《消费者对高品质羊肉的需求偏好与支付意愿研究——基于呼和浩特市羊肉质量安全属性的选择实验分析》,《价格理论与实践》2022 年第 1 期。

③ 尚旭东、郝亚玮、李秉龙:《消费者对地理标志农产品支付意愿的实证分析——以盐池滩羊为例》,《技术经济与管理研究》2014 年第 1 期。

属性，更期望对所食用产品的生产过程有知情权和选择权。相比于低福利的工业化养殖，消费者似乎更倾向于选择高福利的健康养殖。虽然国内消费者对动物福利的认知有限，但 70.5%的消费者认为“有必要”或“非常有必要”在产品包装上标注动物福利状况，同时，在给定动物福利与动物源产品品质和人道标准供应链的关联信息后，消费者对福利友好产品存在较高的支付意愿。67.36%的民众表示愿意增加购买福利友好产品。[①] 近 90%的民众表示愿意购买高福利猪肉产品，平均支付溢价为 5.12 元/千克。[②] 92.88%的消费者对动物福利乳制品有较强的购买意愿，其中 49.08%的消费者愿意支付 1 元/500 毫升的溢价。[③] 为推动中国动物福利产品品牌培育，满足消费者对高品质畜产品的消费需求，自 2020 年起，农业农村部对达到动物福利产品生产技术规范等相关要求的产品进行评选，授予名特优新动物福利产品证书和称号。根据农业农村部农产品质量安全中心发布的《全国名特优新动物福利产品名录》，截至 2022 年 1 月，共计 16 家单位涵盖猪、牛、羊、鸡 4 大畜禽类的猪、牛、羊、鸡肉和鸡蛋等 19 个产品录入全国名特优新动物福利产品名录。同时，国内畜禽企业加速推进动物福利国际认证，截至 2022 年 4 月，中国已有 6 个蛋鸡场、3 个肉鸡场和多个加工厂获得动物福利国际认证。动物福利国际认证的鸡蛋和鸡肉都已经在市场上流通。农场动物福利在消费升级层面释放的经

---

① 王常伟、刘禹辰：《改善农场动物福利的经济机理、民众诉求与政策建议》，《云南社会科学》2021 年第 6 期。

② 王常伟、顾海英：《基于消费者层面的农场动物福利经济属性之检验：情感直觉或肉质关联?》，《管理世界》2014 年第 7 期。

③ 崔力航、李翠霞、包军、马翠萍、姜冰：《消费者对农场动物福利产品的支付意愿及影响因素研究——基于动物福利乳制品的视角》，《农业现代化研究》2021 年第 4 期。

济效应可以满足消费者的多元需求。

（三）畜产品贸易壁垒不断升级

中国是全球第二大农产品贸易国。根据中国海关统计数据，尽管自中国加入世界贸易组织（WTO）以来，畜产品出口规模显著下降，但出口额呈波动上升趋势，从2002年的25.73亿美元以4.85%的年均增速增长到2021年的60.3亿美元。在中国畜产品出口过程中面临着关税壁垒、技术壁垒为主的非关税壁垒的制约。动物福利已逐渐成为新兴的技术性贸易壁垒。中国畜产品主要出口目的地是欧美国家，这些国家针对生产肉、蛋、奶的企业都有严格的标准，分别涉及动物的饲养、运输、屠宰和捕获等方面，把动物福利要求和标准与国际贸易紧密挂钩，将其作为判定畜产品是否准予进口的重要标准（见表1-2）。由于这种“福利壁垒”在世界贸易组织“绿箱政策”下是正当使用还是过度使用的规则界限难以明确划分，部分发达国家会构筑高动物福利标准壁垒，制造多方面隐性贸易歧视。中国畜产品贸易就屡遭“动物福利”隐性贸易壁垒的阻碍。作为世界上蛋鸡饲养大国之一，欧盟全面禁止笼养蛋鸡的决议也适用于中国出口到欧盟的动物产品（以禽类的肉蛋为主）。在贸易保护主义不断抬头，国际贸易体系深刻转型过程中，建立与国际接轨的质量安全和标准控制体系参与国际竞争，统筹利用好国际国内两个市场、两种资源，开拓多元海外市场，才能扩大优势畜禽产品出口。农场动物福利在贸易促进层面释放的经济效应可以提升畜产品国际竞争优势。

表 1-2　2021 年中国主要畜产品出口情况　（单位:亿美元）

产　品	出口额	主要出口国家
活动物	5.608	韩国、越南、美国、缅甸、日本
肉及食用杂碎	8.724	马来西亚、蒙古国、柬埔寨、巴林、阿富汗、德国
乳品、蛋品、天然蜂蜜、其他食用动物产品	6.216	日本、英国、韩国、比利时、波兰
其他动物产品	19.581	德国、美国、越南、日本、荷兰
皮革、毛皮及其制品	78.945	美国、日本、韩国、俄罗斯、英国、德国

注:出口国家按照出口额由高到低排序。
资料来源:中华人民共和国海关总署(海关统计数据在线查询平台)。

三、健康中国与法治建设持续推进

(一)食品安全与卫生安全隐患亟待消除

畜产品是改善中国居民膳食结构,提高健康水平的重要保障。食品安全与卫生安全是实现人民健康优先发展战略的重要抓手。根据国家统计局数据,"十三五"期间畜产品消费量由初期的 56.2 千克/人,以年均 2.41%的速度增长至 63.3 千克/人,占食物比重由 15.78%上升至 16.23%。食品安全方面,畜禽养殖过程中使用的血清制品、抗生素、化学药品等兽药的滥用或使用不当,会使兽药残留在畜禽产品中,危害人类健康,导致食物中毒、过敏、致癌、致基因突变、致畸形、破坏胃肠道正常菌群等危险产生。① 近年来,国家相继出台与兽药使用、生产经营管理相关的法律法规,重点开展药物饲料添加剂退出行动、兽用抗菌药使用减量化行动、规范用药宣教行动与兽药残留监控、动物源细菌耐药性监测等行

① 田雪珍、郭建帮、庞培:《人畜共患病、兽药残留对动物性食品安全的影响》,《广东畜牧兽医科技》2016 年第 6 期。

动,并鼓励“三品一标”和可追溯产品发展,确保动物源性食品安全。根据《绿色食品统计年报》、智研咨询、农业农村部发布数据显示,2020年中国绿色畜禽类产品数量占全国绿色食品产品数量的比例为4.18%,总产量为54.46万吨;畜牧业有机食品获证产品数量为511个,占全国有机食品获证产品总数的11.44%;截至2021年8月,中国累计批准地理标志农产品2482个,其中,畜牧类产品地理标志数量516个,占全国农产品地理标志总数的20.78%;国家农产品追溯平台入驻各类企业主体已超过10万家,可追溯产品种类981个。公共卫生安全方面,禽流感、甲型H1N1和H3N2等猪流感病毒时有发生。动物疫病与人的传染病密切相关,世界动物卫生组织发布数据显示,70%的动物疫病可以传染给人类,75%的人类新发传染病来源于动物。根据农业农村部发布的公告,目前载入中国《人畜共患传染病名录》的人畜共患病有26种。实行积极防御、主动治理,坚持人病兽防、关口前移,从源头前端阻断人畜共患病的传播路径,是防控疫情风险、筑牢公共卫生安全防线的“重要关卡”。农场动物福利在保障公共安全层面释放的社会效应可以保障人类健康。

(二)文明道德意识与立法标准意识逐渐强化

善待动物是社会和谐的必要条件。近年来,农场动物福利保护法律体系和标准规范的建立也逐渐获得社会各方重视,自2017年以来,农场动物福利立法进程加快,制定专门的《动物福利法》、规范虐待滥用行为、对农场动物的饲养、运输、屠宰和毛皮贸易等方面制定专门的法律法规以及提高畜禽养殖和屠宰福利标准等提案多次提交“两会”。随着农场动物福利生态和经济效应的充分释放,行业、团体、地方和企业各个层面都积极参与制定了 34 部农场动物福利标准规范。同时,农业农村部率先在农垦系统推广养殖业应用动物福利保障技术,实现畜牧业绿色优质高效发展。农场动物福利在促进社会文明层面释放的社会效应可以推动德法融合互促。

第二章　农场动物福利社会经济效应的理论基础

第一节　可持续发展理论

一、可持续发展的概念

近代可持续发展概念的产生主要源自人们对于日益严重的环境问题的担忧。1962年,美国海洋生物学家蕾切尔·卡森(Rachel Carson)在其科普著作《寂静的春天》一书中阐述了人类活动对于生态环境的影响,使人们意识到环境污染的严重性,并引发了人们对于环境和生态保护的讨论。[①] 1972年,由意大利、英国等国学者组成的一个主要讨论资源环境与人口增长之间关系的国际性非正式学术团体——罗马俱乐部,出版了《增长的极限》一书,该书提出人类社会经济无限增长是无法实现的,超出极限之后,人类社会会瓦解崩溃。[②] 此后,诸多生态学家、经济学家、社会学家都在可持

① [美]蕾切尔·卡森:《寂静的春天》,吕瑞兰、李长生译,上海译文出版社2015年版,第27页。

② Meadows, D. H., Meadows, D. L., Randers, J., Behrens, W. W., *The Limits to Growth*, New American Library, 1972.

续发展领域进行了有益探索。在生态领域方面，霍林（Holling，1973）认为生态系统若要实现可持续发展必须具备反馈功能。[①]在经济学领域，罗默尔（Romer，1974）采用了1962年由阿罗（Arrow）提出的边干边学模型，讨论技术进步如何帮助经济实现可持续增长，并论证了人力资本的边际效益理论。[②]社会学领域对于可持续发展的研究主要集中于公平性上，特别是代际公平。[③]而后，以联合国为代表的诸多国际组织发表了一系列报告论述可持续发展，促成了可持续发展概念的形成。1972年，在第一次"人类环境会议"通过的《人类环境宣言》倡导人类保护环境，使地球不仅能够满足当代人的生产生活需要，也要满足下一代人的居住需求；1980年，国际自然资源保护委员会（IUCN）、联合国环境规划署（UNEP）和世界自然基金会（WWF）共同发表的《世界自然保护大纲》，提出自然保护和可持续发展是相互依存的关系，指出后代人的生存和发展与当代人的生存和发展同等重要，强调我们应该履行好管理生物圈的义务，使其既能满足当代人的最大持续利益，又能保持其满足后代人需求和欲望的能力。1987年，布伦特兰（Brundtland）在世界环境与发展委员会（WCED）上发表的《我们共同的未来》，将可持续发展定义为"既满足当代人的需求，又不对后代满足其需要的能力构成危害"，这是可持续发展概念第一次被明确定义，也是目前流传最广，影响力最大的对于可持续发

① Holling, C.S., "Resilience and Stability of Ecological Systems", *Annual Review of Ecology and Systematics*, Vol.4, No.1, 1973, pp.1-23.

② Hicks, J., "Capital Controversies: Ancient and Modern", *American Economic Review*, Vol.62, No.2, 1974, pp.307-316.

③ 廖小平：《论代际公平何以可能》，《天津社会科学》2004年第6期。

展概念的定义。[①] 在布伦特兰提出的概念基础上,《地球宪章》将可持续发展概念论述为"人类应享有与自然和谐的方式过健康而富有成果的生活的权利"。[②] 细化到农业领域,1988 年,联合国粮食及农业组织在"可持续农业生产:对国际农业研究的要求"中将可持续农业定义为"管理和保护自然资源基础,并调整技术和制度改革方向,以确保获得足够的农产品来持续满足当代和后代人的需求"。在此基础上,联合国粮食及农业组织在 1991 年的《丹波宣言》中提出了"可持续农业与农村发展"(SARD)的概念,并将其定义为"在合理利用和维护资源与环境的同时,实行农村体制改革和技术革新,以生产足够的粮食和纤维,来满足当代人类及其后代对农产品的需求,促使农业和农村的全面发展"。[③]

改革开放以来,中国经济快速发展,社会生产力稳步提高,诸多问题也随之产生。1992 年 6 月,李鹏同志出席了在里约热内卢召开的联合国环境与发展大会并代表中国政府在《里约宣言》上签字,而后中国政府推行的一系列与可持续发展相关的战略揭开了中国可持续发展的序幕。[④] 在农业可持续发展方面,2015 年,原农业部正式发布了《全国农业可持续发展规划(2015—2030 年)》,指明了未来一段时期内我国农业可持续发展的重点任务;2017 年,原农业部发布了《关于实施农业绿色发展五大行动的通知》;中共中央办公厅和国务院办公厅随后又印发了《关于创新体制机

① 世界环境与发展委员会:《我们共同的未来》,吉林人民出版社 1997 年版,第 52 页。

② 罗慧、霍有光、胡彦华、庞文保:《可持续发展理论综述》,《西北农林科技大学学报(社会科学版)》2004 年第 1 期。

③ 陈厚基:《持续农业与农村发展-SARD 的理论与实践》,中国农业科技出版社 1994 年版,第 13—14 页。

④ 牛文元:《可持续发展之路——中国十年》,《中国科学院院刊》2002 年第 6 期。

制推进农业绿色发展的意见》；2020年，国务院办公厅印发的《关于促进畜牧业高质量发展的意见》将畜牧业可持续发展思想融入了我国畜牧业高质量发展的原则和目标。李伟民和申维金(2000)提出畜牧业可持续发展是从可持续农业的角度和我国畜牧业的实际情况出发，使资源、环境、人口、技术等因素与养殖业发展相协调，寻求一条可行的途径，以确保当代人和后代人对畜产品的需求得以满足。[①] 史光华等(2004)基于农业可持续发展理论将畜牧业可持续发展定义为“在不破坏自然资源与生态环境的基础上，依靠科技进步，提高畜牧业的综合生产能力，能够持续满足当代人以及后代人对畜产品需求的发展”。[②]

二、农业可持续发展理论的多维内涵

工业革命后，世界经济迎来飞速增长，生产力水平得到极大提高，然而随之而来的是工业革命引发的环境问题，包括环境污染、资源短缺、全球变暖等，特别是自20世纪30年代开始的八大公害事件引发了人们对于环境问题的担忧，可持续发展的提出正是基于人们对于环境问题的反思，人们开始审视经济发展与生态环境的关系。毫无理性地追求经济增长除了带来了生态环境问题，还造成严重的社会不平等，对于经济总量增长的单一追求使部分国家的经济虽然有所增长，但大部分底层群众很难享受到经济增长带来的红利，在教育、就业、平等方面基本没有任何改善。可持续发展的落脚点是发展，仅从经济维度和生态维度论述发展过于狭

① 李伟民、申维金：《对21世纪畜牧业可持续发展的浅见》，《黑龙江畜牧兽医》2000年第8期。

② 史光华、孙振钧、高吉喜：《畜牧业可持续发展的综合评价》，《应用生态学报》2004年第5期。

隘,发展的内涵还表现在文化生活的繁荣、公共服务的改善、医疗健康的提升、社会秩序的和谐等社会层面,随着人们对脆弱性、持续性不公平以及种族歧视等问题的认识不断增强,社会可持续性被视为助推社会发展的核心因素。2015年,联合国可持续发展峰会通过了涵盖生态可持续、经济可持续、社会可持续三个维度的17个可持续发展,具体包括无贫困、零饥饿、良好的健康与福祉、优质教育、性别平等、清洁饮水和卫生设施、经济适用的清洁能源、体面工作和经济增长、产业、创新和基础设施、减少不平等、可持续城市和社区、负责任消费和生产、气候行动、水下生物、陆地生物、和平、正义与强大机构、促进目标实现的伙伴关系。生态持续是可持续发展的物质基础,经济持续是可持续发展的核心动力,社会持续是可持续发展的终极目标,三者构成了可持续发展的有机整体,只有三者良性互动才能保证可持续发展健康、持续、稳定、和谐地延续。①

(一)生态维度

传统价值取向认为社会的发展是以人类为中心的发展,早期的人类中心主义是以古希腊的以人为本的哲学理念为代表,主张"人是万物的尺度";近代以来,随着科学技术取得的突破性进展,人类中心理论的边界不断延展,不仅涉及人类的价值取向,还将知识体系和技术体系纳入其理论范畴,反映到人类生产生活的各个领域;现代的人类中心理论则进一步强调人与自然的关系。诺顿(Norton)根据人类感性意愿的程度将人类中心主义分为强式人类

① 李强:《可持续发展概念的演变及其内涵》,《生态经济》2011年第7期。

中心主义和弱式人类中心主义，强式人类中心理论只关注于人类自身的意愿，将人类的进步归因于对自然的征服，加剧了人与自然的对立，而弱式的人类中心理论则对现实中人类对于自然界的破坏作出了反思与让步，主张人类必须有节制地利用资源。[①] 尤其在遭受环境恶化、大气污染、资源枯竭等问题后，人们开始重新审视人与自然的关系，重视生态价值。党的十八大将生态文明建设融入经济、政治、文化及社会建设，形成了“五位一体”的中国特色社会主义事业总体布局。畜牧业作为农业的重要组成部分承担着生态环境的支撑和改善功能，畜牧业的生态可持续发展能够更好地发挥畜牧业的生态功能。生态可持续发展主张人与自然的和谐发展。

（二）经济维度

早期的研究主要集中在对于资源有限性的探讨上。18 世纪，马尔萨斯（Malthus）提出了著名的人口论，阐述人口增长和资源供给之间的关系，并预测如果人口无限制地增长，当人类对于资源的需求超过供给，人类的未来将变得不容乐观。[②] 19 世纪初期，古典主义经济学家大卫·李嘉图（David Ricardo）否认了资源的绝对极限而强调技术进步的作用；约翰·斯图亚特·穆勒（John Stuart Mill）在《政治经济学原理》一书中也认为社会发展和技术变革能够提高资源利用的极限。19 世纪后期，新古典主义经济学派将中心转移到资源稀缺的条件，更加注重资源利用的边际成本和边际

---

① 滕藤：《中国可持续发展研究（下卷）》，经济管理出版社 2001 年版，第 802—804 页。

② 蔡宁、郭斌：《从环境资源稀缺性到可持续发展：西方环境经济理论的发展变迁》，《经济科学》1996 年第 6 期。

收益,例如,庇古(Pigou)利用市场均衡条件提出庇古税解决公共污染问题;达斯古帕塔(Dasgupta)利用贴现率解决耗竭性资源的利用问题。经济可持续发展主张在保护自然系统基础上的持续增长,即人类的经济和社会发展不能超越资源与环境的承载能力。[①]国内学者刘思华(1997)认为经济可持续发展就是生态代价和社会成本最低的经济发展。[②] 杜一匡(2015)认为经济可持续发展是以文明消费和清洁生产实现经济活动效益提升、废弃物减少和资源节约的经济发展模式。[③] 李英(2018)回顾了前人对于经济可持续发展的研究,将经济可持续发展定义为"在固有自然资源、环境资源以及现有社会人口、社会环境等因素的基础上,促进社会当前的经济发展,同时又要保证后代人的经济水平,使其能够享有不低于当代人经济福利的一种经济发展模式,是通过优化产业结构、资源集约利用、依靠科技推动经济增长的可持续的经济发展模式"。[④]

(三)社会维度

可持续发展关注的重要议题之一就是人与社会的发展,人的自我实现和全面发展也是可持续发展理论的轴心和灵魂,因此可持续发展理论具有强烈的人文色彩和底蕴。[⑤] 微观层面要求人们主体意识的觉醒,要辩证地看待人与自然的关系,认识到良好的自

① 董仁威:《新世纪青年百科全书》,四川辞书出版社 2007 年版,第 442 页。

② 刘思华:《可持续发展经济学》,湖北人民出版社 1997 年版,第 87—90 页。

③ 杜一匡:《朔州市经济可持续发展战略研究》,山西农业大学 2015 年硕士学位论文。

④ 李英:《京津冀协同发展下唐山经济可持续发展对策研究》,西南交通大学 2018 年硕士学位论文。

⑤ 田辉玉、罗军、黄艳:《可持续发展理论探究》,《湖北经济学院学报(人文社会科学版)》2006 年第 6 期。

然环境是人类实现发展的基础和前提,形成保护自然就是保护人类自己的思想观念,同时要参与保护自然的行动中去,积极履行保护自然的义务。宏观层面强调可持续发展的公平性,它既包括代内资源分配的问题,又包括代际资源利用的权利问题,它要求人们在当代人之间公平地处理资源分配问题,同时关心后代人的资源利用和生态环境状况。充分释放可持续发展的社会效益是可持续发展的最终目的。社会可持续发展主张公平分配,以满足当代和后代全体人民的基本需求,即一代人不要为自己的发展与需求而损害人类世世代代满足需求的条件、自然资源与环境。[①] 世界自然同盟、联合国环境署和世界野生动物基金会发表的《保护地球——可持续生存战略》从社会维度将可持续发展定义为"在生存不超出维持生态系统涵容能力的情况下,改善人类的生活品质"。[②] 国内学者王浣尘(2000)认为社会可持续发展是人口趋于稳定、经济稳定、政治安定、社会秩序井然的一种社会发展。[③]

农场动物福利是与生态保护、社会文明、经济发展密不可分的全球性议题,是实现畜牧业可持续发展,推进畜牧业高质量发展的有效途径之一。本书立足农场动物福利,基于可持续发展理论,阐释与审思农场动物福利推动中国畜牧业高质量发展的内在逻辑与现实价值,探讨推动中国农场动物福利发展的思路。

---

① 董仁威:《新世纪青年百科全书》,四川辞书出版社 2007 年版,第 442 页。

② 世界自然同盟等:《保护地球——可持续性生存战略》,中国环境科学出版社 1994 年版,第 10 页。

③ 王浣尘:《可持续发展概论》,上海交通大学出版社 2000 年版,第 1—15 页。

第二节　农户行为理论

一、古典经济学的农户行为理论

古典经济学视角下的农户行为理论主要包括理性小农学派、组织与生产学派和历史学派三种学派。

理性小农学派的代表人物是西奥多·舒尔茨(Theodore Schultz),其代表作为1964年出版的《改造传统农业》。理性小农学派是从分析传统农业的特征入手研究小农行为的,该学派认为小农与西方经济学中的厂商与消费者一样,都是理性的“经济人”。农户作为消费者和生产者时同样会注重农业生产要素的配置效率,遵循利润最大化原则。因此,舒尔茨认为那些源于西方经济学的相关理论同样适用于农户经济行为的研究。波普金(Popkin)在其1979年出版的《理性的小农》一书中提到,理性小农中的理性是指小农根据他们的偏好和价值观评估他们决策的后果,进而作出他认为能够将其效用最大化的选择。波普金认为农户的行为并非没有理性,实际上他们是权衡利益、追求目标、合理决策的理性经济人。由于舒尔茨和波普金对理性以及小农的观点接近,学术界将其概括为“舒尔茨—波普金命题”。[①] 该学派的主要思想为:传统农业中存在的储蓄率和投资率低下、资本匮乏等现象的主要原因是传统农业中要素的边际报酬递减,对农户的储蓄和投资行为缺乏应有的经济激励,一旦现代要素能够获得平均水平的经济回报,农户

① 翁贞林:《农户理论与应用研究进展与述评》,《农业经济问题》2008年第8期。

将提高储蓄额度、提高投资水平。①

组织与生产学派的代表人物是恰亚诺夫(Chayanov A.V.),其代表作为1996年出版的《农民经济组织》。组织与生产学派认为小农不具有理性特征,他们不像"理性经济人"一样追求利润最大化,而是仅仅考虑自己付出的生产劳动能否满足家庭生存和消费需求。恰亚诺夫通过对本国农户行为(生产经营活动以及生产要素分配等)的长期观察,发现农户是否付出劳动取决于其收入。②1957年卡尔·波兰尼(Karl Polanyi)在其出版的《大转型:我们时代的政治与经济起源》一书中提出用"实体经济学"代替"形式经济学",提出"把经济作为社会制度过程来研究"。③ 1968年利普顿(Lipton)在恰亚诺夫的研究基础上提出了"风险小农"理论,他认为小农户为了规避风险会放弃利润最大化,直接选择保守的行为决策。④ 1976年,詹姆斯·斯科特(James Scott)在其出版的《农民的道义经济学:东南亚的反抗与生存》一书中指出,小农最先考虑的是生产过程中较低的风险以及较高的生存保障,风险厌恶是小农的生存需要。⑤ 该学派的主要思想是:农户为满足家庭消费,需要把家庭劳动投入到农业生产中,因而需要特别注重农户关于家庭劳动投入的主观决策,主观决策需要在农业劳动带来的负效用

① [美]西奥多·威廉·舒尔茨:《改造传统农业》,梁小民译,商务印书馆2006年版,第63—67页。

② [俄]恰亚诺夫:《农民经济组织》,萧正洪译,中央编译出版社1996年版,第15页。

③ [英]卡尔·波兰尼:《大转型:我们时代的政治与经济起源》,人民出版社2007年版,第61页。

④ Lipton, M., "The Theory of the Optimising Peasant", *The Journal of Development Studies*, Vol.4, No.3, 1968, pp.327-351.

⑤ [美]詹姆斯·斯科特:《农民的道义经济学:东南亚的反抗与生存》,程立显等译,译林出版社2001年版,第242—243页。

与满足家庭消费需要的正效用之间找到均衡点；农户规模、消费者与劳动者比率、家庭劳动力的绝对数量、社会可接受的最低生活水准等是影响农户行为的关键因素。[①]

历史学派的代表人物是黄宗智，其代表作为 1985 年出版的《华北的小农经济与社会变迁》和 1992 年出版的《长江三角洲小农家庭与农村发展》。黄宗智教授提出了独特的小农命题——"拐杖逻辑"，指出中国小农收入由农业收入和非农收入构成，后者是前者的拐杖。[②] 该命题的核心在于中国农村中存在大量剩余劳动力无法解放，为了维持生活仍然选择从事边际报酬极低的农业生产活动。历史学派将小农视作一个追求利润者、维持生计的生产者和耕作者的综合体，认为农户的选择是在不完全信息下的一种有限理性行为。该学派的主要思想是：中国农民既不完全是舒尔茨意义上的"理性小农"，也不完全是恰亚诺夫意义上的"生存小农"，而是劳动力存在大量剩余的"过密化小农"，农户既是一个根据自身需求为自身消费生产的单位，也是一个根据市场价格信号为追求利润生产的单位。[③] 同时，农户家庭收入主要来源于农业生产，而佣工收入是农户家庭的辅助性收入，是提高家庭收入的主要"拐杖"。

古典经济学视角下主要侧重于理论研究，尚惠芳等(2021)研究农户耕地质量提升行为的路径，研究发现关键驱动力为认知水平、经营规模、土地经营权稳定性和政策支持。[④] 郑双怡与冯琼

① 侯建昀、霍学喜：《农户市场行为研究述评——从古典经济学、新古典经济学到新制度经济学的嬗变》，《华中农业大学学报(社会科学版)》2015 年第 3 期。

② 翁贞林：《农户理论与应用研究进展与述评》，《农业经济问题》2008 年第 8 期。

③ 朱晓雨、石淑芹、石英：《农户行为对耕地质量与粮食生产影响的研究进展》，《中国人口·资源与环境》2014 年第 11 期。

④ 尚惠芳、易小燕、张宗芳：《农户耕地质量提升行为的逻辑路径与驱动力：研究进展与展望》，《中国生态农业学报(中英文)》2021 年第 7 期。

(2021)研究农民专业合作社发展中的农户行为选择,研究发现可通过完善保障体系等措施规避农户生存风险,进而提升农民组织化成效。[①] 莫经梅与张社梅(2021)研究城市参与驱动与小农户生产绿色转型行为,研究发现城市群体的绿色发展愿景、社会网络支持以及对农民自组织的赋能是参与小农户生产绿色转型的初始条件。[②]

二、新古典经济学的农户行为理论

新古典经济学视角下的农户行为理论主要是通过构建模型来分析农户行为,包括贝克尔(Becker)模型、巴纳姆和斯奎尔(Barnum 和 Squire)模型和洛(Low)的农户模型三种。

贝克尔模型又称个人偏见歧视理论,该模型假设农户在从事农业生产活动时作为农产品以及劳动力的供给者,在投入生产要素和劳务之后获得收入时又作为该部分收入的消费者,因此农户在进行决策时会将投入要素的效用和目标产出产品的效用进行比较,形成一种农户自身的偏好排序,进而形成一个效用函数。[③] 该模型的核心思想是:农户在行为选择时是理性的经济人,此假设的内核满足三个条件:稳定有序的偏好、稳定的市场和最大化原则,其中最大化是指效用最大化。只有当农户偏好稳定之后才会有稳

① 郑双怡、冯琼:《农民专业合作社发展中的农户行为选择逻辑与组织化》,《改革》2021年第11期。

② 莫经梅、张社梅:《城市参与驱动小农户生产绿色转型的行为逻辑——基于成都蒲江箭塔村的经验考察》,《农业经济问题》2021年第11期。

③ Becker, G. S., "A Theory of the Allocation of Time", *The Economic Journal*, 1965, pp.493-517.

定选择的目标;只有市场是稳定的才能保证农户的效用最大化。[①]

巴纳姆和斯奎尔模型综合了贝克尔等人的研究成果,该模型假设存在可以进行劳动力自由交易的市场;农户的资源禀赋固定且在当前生产活动周期内无法改变,并且农户在不考虑风险因素的情况下进入市场出售部分农产品、购买一定的生产资料。[②] 该模型的核心思想是:农户在家庭变量(如家庭规模、家庭结构等)与市场变量(如农产品价格、农用物资投入价格等)发生变化时,考虑此时农户的行为。此外,该模型与贝克尔模型的区别是该模型适用于生产产品可以出售的农场,而后者仅适用于生产产品进行消费的农户。

洛的农户模型综合了恰亚诺夫的农户主观决策思想与贝克尔模型,该模型适用于各种假设条件,并在不同条件下进行行为预测,该模型下存在包括劳动力在内的各种生产要素市场,不同农户的收入产生差异。其研究的核心内容是农户在务农与从事非农劳动之间如何决策。[③④] 该模型的核心思想是:农户内部各个劳动者获得工资收入的能力存在显著差异,在存在劳动力、土地要素市场的条件下,农户参与市场需要其成员在务农和非农劳动之间作出选择。[⑤]

① 吴延安、何正亮:《理性主义之贝克尔的经济分析思想》,《重庆科技学院学报(社会科学版)》2009 年第 3 期。

② Barnum, H.N., Sqyire, L., "A Model of an Agricultural Household: Theory and Evidence", *World Bank Occasional Paper*, No.27, 1979, pp.105-107.

③ Low, A., "Agricultural Development in Southern Africa: Farm Household Theory and the Food Crisis", *Development Southern Africa*, Vol.1, 1984, pp.294-318.

④ 侯建昀、霍学喜:《农户市场行为研究述评——从古典经济学、新古典经济学到新制度经济学的嬗变》,《华中农业大学学报(社会科学版)》2015 年第 3 期。

⑤ 白云丽、曹月明、刘承芳、张林秀:《农业部门就业缓冲作用的再认识——来自新冠肺炎疫情前后农村劳动力就业的证据》,《中国农村经济》2022 年第 6 期。

新古典经济学视角下主要侧重于运用模型分析农户行为的实证研究，基于贝克尔模型，针对经营投入行为，张旭光与赵元凤（2020）运用处理效应模型研究奶牛保险对养殖户疫病风险防控投入的影响，研究发现参保养殖户为获取奶牛保险赔付而降低奶牛养殖防疫程度的可能性较小[①]；针对技术应用行为，王婵等（2022）运用内生转换模型研究农户社交电商参与行为及其影响，研究发现农户社交电商参与会显著提高农户收入[②]。基于巴纳姆和斯奎尔模型，针对经营投入行为，曲朦与赵凯（2021）运用普通最小二乘法（OLS）回归及两阶段最小二乘法（2SLS）回归模型研究经营规模扩张对农户农业社会化服务投入行为的影响，研究发现连片式的土地转入会显著提升农户农业社会化服务投入水平。[③] 基于洛的农户模型，针对就业选择行为，白云丽等（2022）运用 Probit 回归模型研究农业部门就业缓冲作用，研究发现在疫情中失去非农就业的农村劳动力中，有 61.2%返回农业部门；[④]胡祎等（2022）运用联立方程模型研究农户非农就业的增收逻辑，研究发现随着农户家庭非农化程度不断提高，非农就业对总收入及非农收入的提升效应先升后降。[⑤]

---

① 张旭光、赵元凤：《奶牛保险对养殖户疫病风险防控投入的影响研究》，《保险研究》2020 年第 6 期。

② 王婵、陈廷贵、刘增金：《虚拟嵌入视角下农户社交电商参与行为及其影响研究——以陕西设施冬枣为例》，《农业现代化研究》2022 年第 3 期。

③ 曲朦、赵凯：《不同土地转入情景下经营规模扩张对农户农业社会化服务投入行为的影响》，《中国土地科学》2021 年第 5 期。

④ 白云丽、曹月明、刘承芳、张林秀：《农业部门就业缓冲作用的再认识——来自新冠肺炎疫情前后农村劳动力就业的证据》，《中国农村经济》2022 年第 6 期。

⑤ 胡祎、杨鑫、高鸣：《要素市场改革下农户非农就业的增收逻辑》，《农业技术经济》2022 年第 7 期。

三、新制度经济学的农户行为理论

新制度经济学的核心概念是交易成本。交易成本的概念是于1937年科斯发表的《企业的性质》一文中首次提出,他认为企业的存在在于节约交易成本。此外,科斯在《社会成本》中对交易成本作出了进一步解释,他认为交易成本是寻找交易者、交易方式与合约的谈判、签订和实施等的成本。①

新制度经济学视角下农户行为理论的主要思想是:将交易成本的概念融入农户在市场当中的行为进行研究,包括农地流转行为、契约选择行为、农产品销售行为等,以此来进一步分析农户如何决策。②

新制度经济学视角下主要侧重于交易成本对农户行为产生的影响,针对农产品销售行为,陈超等(2022)研究生产行为与果农销售渠道选择,研究发现农户仍以零售渠道为主,交易成本对果农销售渠道选择影响显著。③ 针对契约选择行为,陈晓琴与黄大勇(2022)研究民族地区小农户市场衔接时的契约选择行为,研究发现农户行为能力越强,交易成本越高,周边环境条件越有利,农户越倾向于选择紧密型契约。④

本书以规模化奶牛养殖场为研究对象,基于农户行为理论,构建生产者奶牛福利实施意愿的 Logit 二元选择模型,确定生产者奶牛福利实施意愿的诱阻因素。

---

① 鄢军:《农民行为研究的理论与思路:从组织到个体》,《经济问题》2011 年第 2 期。

② 侯建昀、霍学喜:《农户市场行为研究述评——从古典经济学、新古典经济学到新制度经济学的嬗变》,《华中农业大学学报(社会科学版)》2015 年第 3 期。

③ 陈超、翟乾乾、王莹:《交易成本、生产行为与果农销售渠道模式选择》,《农业现代化研究》2019 年第 6 期。

④ 陈晓琴、黄大勇:《民族地区小农户衔接大市场的契约选择行为——基于武陵山区的样本分析》,《中南民族大学学报(人文社会科学版)》2022 年第 2 期。

第三节　成本收益理论

一、成本与收益的概念

（一）成本

成本是指企业为生产商品和提供劳务等所耗费的物化劳动或劳动中必要劳动的价值的货币表现，是商品价值的重要组成部分，成本是商品经济的一个经济范畴。

在畜牧业经济领域，刘春明等（2018）在研究我国散养奶牛养殖成本效率时，将饲料成本和人工成本作为衡量奶牛总成本的重要指标，研究发现我国散养奶牛的成本效率还未达到最优，相关投入和环境差异较大，在人工质量、医疗防疫等方面还未达成统一认识等；[①]杨春和王明利（2019）研究牧区肉牛养殖生产率时将总成本分为仔畜成本、饲料成本（包括精饲料和粗饲料）、劳动成本以及其他成本四类，研究发现牧区专业育肥肉牛养殖生产率总体呈增长趋势，相关生产技术正逐步提升；[②]马晓萍等（2022）在研究"粮改饲"政策下肉牛养殖成本效率时沿用了杨春对总成本的分类并细化了粗饲料成本，粗饲料成本包括干草、秸秆、青贮饲料和青饲料（主要为牧草和青饲作物）成本，研究发现试点区肉牛养殖

① 刘春明、郝庆升、周杨：《我国散养奶牛养殖成本效率及其影响因素研究》，《中国畜牧杂志》2018 年第 11 期。

② 杨春、王明利：《草原生态保护补奖政策下牧区肉牛养殖生产率增长及收敛性分析》，《农业技术经济》2019 年第 3 期。

饲料成本较非试点区变动平稳，粗、精饲料比稳步上升。[①]

（二）收益

收益的概念最早出现在经济学中。首先，是亚当·斯密（Adam Smith）在《国富论》中将收益定义为"那部分不侵蚀资本的可予消费的数额"，将收益看作财富的增加。[②] 其次，是1980年艾尔弗雷德·马歇尔（Alfred Marshall）在其《经济学原理》中，将亚当·斯密的收益观引入企业，提出区分实体资本和增值收益的思想。[③] 再次，是20世纪初欧文·费雪（Irving Fisher）在《资本与收益的性质》中，提出了三种不同形态的收益，包括精神收益、实际收益和货币收益。[④] 最后，1946年约翰·希克斯（John Hicks）在其《价值与资本》中将收益定义为"在期末、期初保持同等富裕程度的前提下，一个人可以在该时期消费的最大金额"，得到了学者的普遍认同。[⑤]

在畜牧业经济领域中，江光辉和胡浩（2019）在对生猪价格波动与农户养殖收入等问题的分析当中，将农户经营生猪的收益定为农户生猪养殖收入，研究表明加入生猪产业组织虽能提高养殖收入，但市场价格波幅增大会削弱产业组织模式的积极影响。[⑥]

---

① 马晓萍、王明利、张浩：《"粮改饲"政策下肉牛养殖成本效率分析——基于8个省（区）22个试点的面板数据》，《草业科学》2022年第3期。

② ［英］亚当·斯密：《国民财富的性质和原因的研究》，商务印书馆1974年版，第68—77页。

③ ［英］阿尔弗雷德·马歇尔：《经济学原理》，彭逸林、王威辉、商金艳译，人民日报出版社2009年版，第472—480页。

④ Fisher, I., *The Nature of Capital and Income*, The Macmillan Company, 1906.

⑤ ［英］约翰·理查德·希克斯：《价值与资本》，薛蕃康译，商务印书馆1962年版，第160—170页。

⑥ 江光辉、胡浩：《生猪价格波动、产业组织模式选择与农户养殖收入——基于江苏省生猪养殖户的实证分析》，《农村经济》2019年第12期。

黄显雷等(2021)在研究种养一体化奶牛场环境经济效益时,将奶牛场总收益分为牛奶销售收入,销售公犊牛、淘汰牛、肉用牛等收入,小麦销售收入,有机肥销售收入等,经研究发现种养一体化在提升养殖场净收益上有巨大潜力,并且能够减少养殖环境损害。[①]

二、成本收益理论的主要思想

19 世纪法国经济学家朱乐斯·帕帕特(Jules Dupuit)在其《论公共工程效益的衡量》中首次提出成本收益理论,将其定义为“社会的改良”。其后成本收益概念被意大利经济学家维尔弗雷多·帕累托(Vilfredo Pareto)重新界定,提出了以“帕累托最优”和“帕累托改进”为主的“帕累托原理”。“帕累托最优”是指无论如何配置资源都不会使一方受益而另一方亏损,“帕累托改进”是指一种至少一个人受益的前提下没有任何人亏损的状态。[②] 20 世纪30 年代末,成本收益理论在美国经济学家尼古拉斯·卡尔德(Nicholas Kaldor)和约翰·希克斯的描述下逐渐清晰:只有当交易行动者认为交易结果可以补偿其支付的成本时,交易才有可能发生。这种交易利润大于交易成本的标准也被称为“卡尔多—希克斯标准”。成本收益理论是经济学中用来研究不同条件下行为与效果之间关系的一种方法,通过权衡某种行为或政策项目的成本与收益来比较得失,评估其经济效益或可行性。成本收益分析是一种以货币为单位衡量生产行为的投入与产出的计量方法。成本收益理论认为,每个交易行动者进行交易的首要原则为交易者自

① 黄显雷、师博扬、张英楠、龙昭宇、尹昌斌:《基于生命周期视角的种养一体化奶牛场环境经济效益评估》,《中国环境科学》2021 年第 8 期。

② 蒋银华:《立法成本收益评估的发展困境》,《法学评论》2017 年第 5 期。

身利益的最大化，即当该交易的收益大于成本时，交易行动者则会增加该交易；若收益小于成本，则减少该交易，并且由于不同交易者的价值偏好有所差异，这才使交易发生。经济学中“理性人假说”同样适用于成本收益理论，在追求自身利益最大化过程中，减少成本的投入从而增大收益，也是成本收益理论的核心思想。成本收益理论有两个重要特征：一是自利性。在主体经营过程中，任何行为与决策都应当以追求利润最大化为目标，若存在代理关系，也仍应体现代理人作为决策者的自利性。二是选择性。该特征反映主体在经营过程中决策的多元性，经营主体应在多数决策中选择最有利的决策。

本书以规模化奶牛养殖场为研究对象，基于成本收益理论，构建嵌入动物福利水平测度值与成本投入要素的规模化奶牛养殖场收入函数，验证关联效应。

第四节　消费者效用理论

一、效用的概念

效用是经济学中最为常用的概念之一，通常被用来诠释具有理性消费的人在有限的资源约束条件下，购买可以令自己获得最大满意度商品的合理组合。[①] 效用的概念最早由丹尼尔·伯努利(Daniel Bernoulli)提出，认为效用是指事物满足人的欲望的程度或者个人对事物满意程度的主观心理评价。杰里米·边沁(Jeremy

① 马孝先：《金融经济学》，清华大学出版社2014年版，第55页。

Bentham,1789)在伯努利提出的概念的基础上,发展了效用的概念,认为效用是愉悦与痛苦之差。[①] 欧文·费雪(1918)直接将效用定义为商品的可欲性。[②] 在国外学者研究的基础上,国内学者对效用的概念也进行了相应的界定。王春燕等(2006)认为当一种有形或无形的东西使个人的需要得到一定程度的满足或失去时,个人给予这个有形或无形的东西的评价。[③] 刘光乾(2010)认为效用是指人们通过消费某种商品或享受闲暇等使自身的需求、欲望得到满足的一个度量,是人们自身的一个主观感受,是以决策者现状为基础的一种精神价值。[④] 高鸿业(2021)认为效用是指商品满足人的欲望的能力评价,或者说,效用是指人们在消费商品时所感受到的满足程度。[⑤] 具体到消费者的效用,齐建国和梁晶晶(2013)则认为是指消费品的使用为消费者带来的期望满足的提升。[⑥]

二、消费者效用理论的主要思想

消费者效用理论是为了解决经济社会中的价值问题而产生的,目前最主流的两大理论即基数效用理论和序数效用理论。

早期针对消费者效用理论的研究一直是基数效用理论占据主导地位。基数效用理论可分为一般效用价值论和边际效用价值论。一方面,一般效用价值论主要以某物满足人的欲望的能力或

① Bentham, J., *An Introduction to the Principles of Morals and Legislation*, Blackwell Publishing, 1789.

② Fisher, I., "Is 'Utility' the Most Suitable Term for the Concept It Is Used to Denote?", *History of Economic*, Vol.8, No.2, 1918, pp.335–337.

③ 王春燕、袁大祥、邓曦东、危宁:《效用理论在工程风险管理中的应用》,《科技情报开发与经济》2006年第4期。

④ 刘光乾:《基于效用理论的网络消费者行为分析》,《企业经济》2010年第12期。

⑤ 高鸿业:《西方经济学(微观部分)》第八版,中国人民大学出版社2021年版,第57页。

⑥ 齐建国、梁晶晶:《论创新驱动发展的社会福利效应》,《经济纵横》2013年第8期。

人对物品的主观需要来评价其价值，认为效用越大，价值越大，效用越小，价值越小；但一般效用价值论难以解释水和金刚钻的“价值悖论”。[①] 另一方面，戈森（Gossen）第一次系统论述了边际效用理论，在其《人类交换规律与人类行为准则的发展》一书中提出：如果连续不断地满足同一种享受，那么这同一种享受的量就会不断递减，直至达到最终饱和；重复以前已满足过的享受，享受量也会发生类似的递减；在重复满足享受的过程中，不仅发生类似的递减，而且初始感到的享受量也会变得更小，重复享受时感到其享受的时间更短，饱和的感觉出现得更早；重复享受进行得越快，初始感到的享受量则越小，感到享受的持续时间也就越短。[②] 19 世纪 70 年代，新古典经济学开始崛起，威廉姆·斯坦利·杰文斯（William Stanley Jevons）、卡尔·门格尔（Carl Menger）和里昂·瓦尔拉斯（Léon Walras）都对效用理论展开了研究，三位经济学家都一致认为是效用决定了商品的价值；并发现了边际效用递减规律，使总效用和边际效用得以区分；还认为人在追求欲望满足最大化时必须遵循边际效用相等原则。[③] 在边际效用的分析框架下，早期一般效用价值理论难以解释的价值悖论问题也得到了解决，边际效用理论逐渐在各国得到广泛传播，基数效用理论也逐步走向成熟。基数效用论认为，效用是消费者在消费某种商品时所感受到的心理满足感，这种满足感可以直接计量并加总求和，因而其大小可以用基数表示。同时，基数效用理论假设个人能够对每种商品和服

① 赵磊：《“效用价值论”批判——从“效用价值”的逻辑出发》，《当代经济研究》2019 年第 4 期。

② ［德］赫尔曼·海因里希·戈森：《人类交换规律与人类行为准则的发展》，陈秀山译，商务印书馆 1997 年版，第 9 页。

③ 郝海波：《序数效用论的缺陷与不足：一个文献综述》，《山东社会科学》2011 年第 4 期。

务给自己带来的效用量进行精确地衡量，在此基础上力求在现有资源约束下让自己的效用最大化。①

消费者剩余是边际效用价值理论的重要组成部分，是边际效用理论的重要应用，可用于探讨消费者的支付意愿和商品溢价。根据厉以宁和章铮（1992）的解释，支付意愿是指消费者支付一定数量的金额以交换某一数量的商品或劳务的意愿。② 高鸿业（2021）认为消费者剩余是消费者在购买一定数量的某种商品时，愿意支付的最高总价格和实际支付的总价格之间的差额。③ 结合消费者剩余的概念，支付意愿可被理解为市场价格和消费者剩余的总和，即：支付意愿等于市场价格与消费者剩余之和。④

目前，消费者支付意愿的评估方法主要包括显示性偏好方法和陈述性偏好方法两类。其中，显示性偏好方法以个人的真实行为为基础，通过考察市场上人们的选择行为来推测其偏好；陈述性偏好方法通过问卷调查表直接询问被试者愿意为假象的市场商品或者服务付出多少货币。⑤ 由于实证研究中难以获得消费者支付行为的真实数据，对未上市的商品更是如此，因此，学者在测量支付意愿时主要采用直接向消费者询问支付意愿的陈述性偏好法。常见的陈述性偏好方法主要包括选择实验法、实验拍卖法和条件价值评估法等。选择实验法是在假想的市场条件下，消费者在限

① 齐良书：《论经济学中的价值理论》，《政治经济学评论》2022 年第 1 期。

② 厉以宁、章铮：《第三讲 费用效益分析的基本概念（上）支付意愿与消费者剩余》，《环境保护》1992 年第 8 期。

③ 高鸿业：《西方经济学（微观部分）》第八版，中国人民大学出版社 2021 年版，第 65—66 页。

④ 吴力波、周阳、徐呈隽：《上海市居民绿色电力支付意愿研究》，《中国人口 · 资源与环境》2018 年第 2 期。

⑤ 刘蓉、王雯：《从显示性偏好到描述性偏好再到幸福指数——公共品价值评估的几种研究方法述评》，《经济评论》2014 年第 2 期。

定范围内面临多个选项选择，利用消费者表达的支付意愿或者补偿意愿评估商品价值。[①] 实验拍卖法是通过模拟真实的市场环境，采用真实的物品与金钱，满足激励相容条件，得到消费者的支付意愿。[②] 条件价值评估法是一种从主观满意度出发，基于效用最大化原理，利用消费者对于某种商品的最大支付意愿，采用一定的数学手段评估商品价值的方法。[③] 条件价值评估法的思想最早由西里亚西旺特鲁普（Ciriacy-Wantrup）于1947年提出，用于测定土壤侵蚀防治措施的外部效益。[④] 1963年，戴维斯（Davis）在其博士论文中首次使用了条件价值评估法评估猎鹅的效益。[⑤] 因能评估生态系统服务和环境物品的经济价值，条件价值评估法在20世纪60年代后得到广泛应用。在针对消费剩余的研究中，学者发现有一些因素会对消费者剩余产生重要影响，主要包括：个体特征（年龄、受教育程度等）、家庭特征（家庭收入、未成年人占比等）、消费特征（消费习俗、产品信任等）、外部条件（市场价格、广告宣传等）、认知态度（健康认知、食品安全关注度等）。

基数效用理论要求消费者能够度量作为主观满足感的效用，但随着基数效用理论的广泛应用，人们发现基数效用理论存在缺陷：人是否能够如此理性？效用是否能够度量？以及不同个体之间的效用水平是否能够进行比较？基于基数效用理论的缺陷，学

---

① 张亚鑫、田晓晖、刘珉：《城市森林价值评估方法研究综述》，《林业经济》2017年第3期。

② 朱淀、蔡杰、王红纱：《消费者食品安全信息需求与支付意愿研究——基于可追溯猪肉不同层次安全信息的BDM机制研究》，《公共管理学报》2013年第3期。

③ 唐增、徐中民：《条件价值评估法介绍》，《开发研究》2008年第1期。

④ Ciriacy-Wantrup, S. V., “Capital Returns from Soil-Conservation Practices”, *Journal of Farm Economics*, No.29, 1947, pp.1181-1196.

⑤ Davis, R., *The Value of Outdoor Recreation: An Economic Study of the Marine Woods*, Harvard University, 1963.

者开始对其进行改进。费雪(Fisher,1982)在其学位论文中,提出人际可比的效用和基数效用都是不必要的。[①] 帕累托(Pareto)也开始质疑效用是否可以直接计量,认为效用无法测量,也不必测量,人们可以通过比较不同商品和服务组合带来的满足程度来进行决策。希克斯和艾伦(Hicks 和 Allen)采用无差异曲线对效用进行了重新诠释,并提出效用作为一种主观感受是无法衡量的。[②] 序数效用理论者认为商品和服务带来的效用大小可以进行排序,在分析消费者行为时主要采用无差异曲线进行分析,无差异曲线上任一点给消费者带来的效用都是一样的,消费者为了获得相同的总效用,增加一个商品的消费则必然会减少另一个商品的消费;反之亦然。相较于基数效用理论依靠个人理性对于商品和服务的效用进行赋值,序数理论采用定性分析,用对商品和服务的偏好排序表示效用,完善了基数效用理论的部分缺陷,使效用理论更加完整,为其在其他学科领域的应用奠定了良好的理论基础。

本书以消费者效用理论为基础,立足于中国现实的市场情境,基于条件价值评估法,设计具有农场动物福利属性的乳制品为假想性实验标的物,利用国内 1137 位消费者问卷数据,采用有序 Logistic 模型,分析消费者对农场动物福利产品的支付意愿及其影响因素,探讨不同收入群体和不同偏好群体间支付意愿影响因素的差异。

---

① Fisher,I.,"Mathematical Investigations in the Theory of Value and Prices",Yale University,1892.

② Hicks,J.R.,Allen,R.G.D.,"A Reconsideration of the Theory of Value:Part I",*Economica*,Vol.1,No.1,1934,pp.52-76.

第三章　中国农场动物福利研究追溯

第一节　研究背景与设计

一、研究背景

动物福利自 1926 年作为一个正式的科学术语被首次提出，已由最初反对虐待动物的伦理呼吁转变为全面提升动物生存质量的科学探索，由原来的道德辩论演变为综合性科学。[①] 动物福利科学由多学科渗透、交叉而成，其研究领域具有双重属性，既包括畜牧、兽医、动物科学等自然科学，还涉及经济、管理、伦理、法律等社会科学。[②] 动物福利已深入畜牧业发达国家的生产实践、经济社会、文化道德等各个层面，相关研究层出不穷。[③] 相比之下，中国的动物福利发展尚处于起步阶段，学术研究也相对滞后。[④⑤] 鉴于

---

① 严火其、郭欣：《科学与伦理的融合——以动物福利科学兴起为主的研究》，《自然辩证法通讯》2017 年第 6 期。

② 包军：《动物福利学科的发展现状》，《家畜生态》1997 年第 1 期。

③ 孙忠超、贾幼陵：《论动物福利科学》，《动物医学进展》2014 年第 12 期。

④ You, X.L., Li, Y.B., Zhang, M., Yan, H.Q., Zhao, R.Q., "A Survey of Chinese Citizens' Perceptions on Farm Animal Welfare", *Plos One*, Vol.9, No.10, 2014, 编号为 e109177。

⑤ Sinclair, M., Zhang, Y., Descovich, K., Phillips, C.J.C., "Farm Animal Welfare Science in China-A Bibliometric Review of Chinese Literature", *Animals*, Vol.10, No.3, 2020, p.540.

此，本书基于中国知网数据库，运用 CiteSpace 软件对农场动物福利领域的相关文献进行计量分析，通过知识图谱的形式呈现中国农场动物福利研究的研究进展、热点问题和前沿趋势，并在此基础上结合阅读归纳法综述中国农场动物福利研究成果，以期为该领域科研工作者进一步开展农场动物福利相关后续研究提供理论依据和价值参考。

二、研究设计

（一）研究方法

文献计量分析法是一种以文献外部特征为分析对象，通过数学与统计学方法来定量描述、评价和预测研究现状与发展趋势的量化分析方法。[①] 虽然相比于传统的阅读归纳法，文献计量分析法能突破学者的个人偏好与关注侧重，有效避免主观性与不可重复性，但极易导致分析内容浮于表面，无法得到深入的研究结论。[②] 因此，将阅读归纳法作为文献计量分析法的重要补充，综合运用两种方法对农场动物福利相关研究进行定量和定性分析。

常见的文献计量分析工具有 CiteSpace、VOSviewer 和 HistCite 等。其中，CiteSpace 是基于 Java 语言开发的科学知识图谱可视化软件，能运用可视化的知识图形和序列化的知识谱系，直观、清晰地揭示某一知识领域的研究动态，被广泛应用于各研究领域的文

① 朱亮、孟宪学：《文献计量法与内容分析法比较研究》，《图书馆工作与研究》2013 年第 6 期。

② 柯文涛：《工具的祛魅：CiteSpace 在教育研究中的应用与反思》，《重庆高教研究》2019 年第 5 期。

献计量分析。[1] 因此,本书使用 CiteSpace 软件进行可视化操作,绘制知识图谱,进而获得文献计量分析结果。

(二)数据来源

为提高文献的科学性和权威性,选择数量最多、覆盖范围最广的中国知网数据库中的学术期刊库作为文献来源。在多次尝试不同检索条件后,检索条件设定为以"动物福利"为"篇名""关键词""摘要"进行检索,来源类别选择北大核心、CSSCI 和 CSCD,时间范围选择 2000—2022 年。

按照上述步骤,共得到 900 条文献记录,检索日期为 2023 年 2 月 8 日。为保证数据的精确性,将所有文献题录信息逐一进行人工检查,去除重复文献、会议通知、征稿信息以及研究对象明显不是农场动物的文献后,得到 553 篇文献记录。

第二节　中国农场动物福利研究进展分析

一、发文数量分析

发文数量的时序变化可以反映出研究领域的整体发展进程(见图 3-1)。从文献总量来看,中国农场动物福利研究发文数量由 2000 年的 0 篇波动增长至 2022 年的 31 篇,其中,2013 年发文量达到最高的 39 篇。从时间分布来看,2001 年中国农场动物福

[1] 陈悦、陈超美、刘则渊、胡志刚、王贤文:《CiteSpace 知识图谱的方法论功能》,《科学学研究》2015 年第 2 期。

利研究才突破 0 篇，而国外农场动物福利研究早在 20 世纪 70 年代就开始涌现，说明中国农场动物福利研究仍滞后于国外。从变化趋势来看，中国农场动物福利研究发展趋势具体可划分为三个阶段：

第一阶段，萌芽阶段，时间跨度为 2000—2002 年，中国农场动物福利研究发文数量极少，低于 5 篇/年。这一时期，中国畜牧业正处于恢复扩充阶段，在 1979 年党的十一届四中全会《中共中央关于加快农业发展若干问题的决定》、1980 年国务院批转农业部《关于加速发展畜牧业的报告》等政策的大力扶持下，畜牧业发展活力得到充分激发，畜禽存栏量和出栏量显著提高，畜产品供给紧缺局面得到缓解。但由于资本积累不足，畜禽养殖以粗放型散养为主，而农场动物福利作为集约化生产方式的产物，并未引起学者重点关注和公众广泛讨论。

第二阶段，起步阶段，时间跨度为 2003—2005 年，中国农场动物福利研究发文数量小幅增长至 10 篇/年以上。随着中国于 2001 年加入世界贸易组织，西方发达国家滥用动物福利壁垒从事贸易保护主义活动的现象愈发普遍，动物福利的贸易壁垒性质日趋显著，农场动物源产品受动物福利贸易壁垒影响逐渐增强，农场动物福利研究开始引起学者关注。然而，这一时期实质性研究相对较少，研究内容侧重于农场动物福利理念普及、农场动物福利实践呼吁、动物福利壁垒应对建议等。

第三阶段，发育阶段，时间跨度为 2006 年至今，中国农场动物福利研究发文数量平均保持在 30 篇/年。这一时期，中国畜牧业处于转型升级阶段，在 2007 年国务院《关于促进畜牧业持续健康发展的意见》等宏观政策引导下，畜牧业整体素质稳步提高，产业布局逐渐优化，产品结构不断调整，畜禽集约化、规模化和标准化养殖水平大幅提高的同时，引发农场动物福利问题，并引起学者们的广泛关注，相关研究大量涌现。在2020年国务院办公厅印发《关于促进畜牧业高质量发展的意见》的顶层部署下，畜牧业朝着产出高效、产品安全、资源节约、环境友好、调控有效的高质量发展新格局方向发展，农场动物福利对畜牧业高质量发展的促进作用成为学术界广泛共识，相关研究已成为畜牧业研究热点问题。

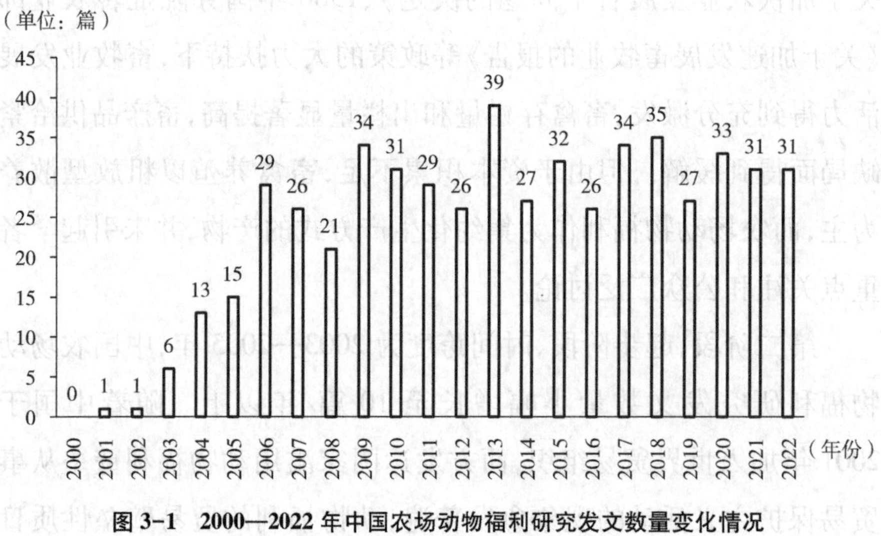

图3-1　2000—2022年中国农场动物福利研究发文数量变化情况

二、文献来源分析

期刊是研究成果的主要载体，分析发文来源期刊可以反映出研究成果的质量，有助于学者选择重点期刊进行文献查阅与发表。从期刊分布来看，553篇文献共发表在160种学术期刊中。其中，发文量位居前五名的期刊依次为《中国家禽》《黑龙江畜牧兽医》《中国畜牧杂志》《家畜生态学报》和《畜牧与兽医》。发文量位居前五名期刊载文量为224篇，占总发文数量的40.51%，而发文量位居前十名的期刊载文量为288篇，占总发文数量的52.08%，说明中国农场动物福利研究文献来源较为集中。从期刊质量来看，发文量位居前五名的期刊均为北大核心期刊，复合影响因子相对较低，说明中国农场动物福利研究领域缺乏高质量成果，侧面反映出中国农场动物福利研究仍具有较高的研究价值和较大研究潜力。从期刊学科来看，中国农场动物福利研究涉及畜牧与动物医学、农业经济、农业工程、生物学、贸易经济、伦理学和国际法等具体学科，再次验证了农场动物福利研究具有自然科学和社会科学双重属性。通过多元文化碰撞、多学科思维交流、多技术融合、多理论深度交叉开展农场动物福利问题研究已成为主流趋势，既符合农场动物福利学科特性，又符合农场动物福利科学发展需要，不仅有利于建立起紧密的学术合作生态网络，还有利于拓展农场动物福利研究的广度和深度。其中，畜牧与动物医学学科占比最高，说明中国农场动物福利研究主题侧重农场动物福利相关理论创新与实践应用（见表3-1）。

表3-1　中国农场动物福利研究文献来源期刊情况

排名	名称	数量（篇）	占比（%）	期刊质量	涉及学科
1	《中国家禽》	81	14.65	北大核心	畜牧与动物医学
2	《黑龙江畜牧兽医》	50	9.04	北大核心	畜牧与动物医学
3	《中国畜牧杂志》	40	7.23	北大核心	畜牧与动物医学
4	《家畜生态学报》	35	6.33	北大核心	畜牧与动物医学
5	《畜牧与兽医》	18	3.25	北大核心	畜牧与动物医学
6	《中国畜牧兽医》	17	3.07	北大核心	畜牧与动物医学
7	《农业工程学报》	15	2.71	北大核心，CSCD	农业工程
8	《饲料工业》	14	2.53	北大核心	畜牧与动物医学
9	《动物医学进展》	9	1.63	北大核心	畜牧与动物医学
10	《动物营养学报》	9	1.63	北大核心，CSCD	畜牧与动物医学

三、发文作者分析

作者是科学研究的参与者和推动者,分析发文作者及合作网络可以明确研究领域的核心学者以及不同学者间的协作水平。从作者数量来看,中国农场动物福利研究发文作者共 1423 位,平均每篇文献作者数量为 2.57 位,说明中国农场动物福利研究多以合作形式发文,但合作程度相对较低。中国农场动物福利研究发文作者数量整体呈增长态势,平均每篇文献作者数量由萌芽阶段的 1.50 位先减少至起步阶段的 1.09 位,再增长至发育阶段的 2.69 位,说明中国农场动物福利研究领域的合作团队规模在逐步扩大,但仍有继续扩大的空间。根据普莱斯定律 $TP_n \approx 0.749($ TP_n 表示核心作者发文量的阈值, N_{max} 表示最高产作者所发表的论文数),当某一作者发表论文数在 TP_n 篇及以上,则被认定为该研究领域的核心作者。① 计算出中国农场动物福利研究核心作者发表论文数应大于 3 篇,由此确定中国农场动物福利研究领域的核心作者共 33 位,核心作者的发文总量为 170 篇,占文献总数的 30.74%,远低于普莱斯提出的 50%的稳定的合作网络指标,说明中国农场动物福利研究尚未形成稳定的核心作者群,相关研究也尚未进入成熟阶段。

核心作者群中发文量位居前十位的作者中有 4 位作者研究方向为畜牧与动物医学,研究内容以农场动物福利理论与实践研究为主,如顾宪红(2016)在《音乐对动物福利水平的影响》一文中,从生长性能、行为表达、生理指标等方面综述了音乐对农场动物福

① Zhang, Y. R., Zhang, J. B., Zhang, Z., "Progress in Chinese Agricultural Technology: Bibliometric Analysis Based on Citespace", *Forum on Science and Technology in China*, 2018, pp.113-120.

利水平的作用机理；[①]尹国安(2013)在《少量添加稻草对生长猪福利的影响》一文中，通过改造商业猪舍，探究稻草对生长猪的行为福利、生理福利的影响机制；[②]张玉(2018)在《改善肉羊运输福利的措施》一文中，提出了在运输环节中改善肉羊动物福利的对策建议；[③]齐广海(2021)在《益生乳酸菌对肉鸡骨骼发育的影响及作用机制研究进展》一文中，梳理了肉鸡骨骼发育的机制、骨骼健康的重要性、益生乳酸菌对肉鸡骨骼发育的影响以及其调控机制。[④]

前十位作者中有3位作者研究方向为农业工程，研究内容以畜禽设施养殖工程与环境为主，如李保明(2018)在《冬季饮水温度对断奶仔猪生长性能与行为的影响》一文中，设计了一套利用温度传感器、温控仪等实现自动加热保温的恒温饮水装置，并分析饮水管路的热特性，确定了舍内空气温度、保温桶容积与饮水管路进水温度设定值之间的关系；[⑤]滕光辉(2018)在《基于图像和声音技术的种鸡舍内异常事件监测方法》一文中，提出了一种非接触式、24h连续、自动化的监测方法，采用Kinect设备同步采集图像和声音数据，基于LabVIEW软件分析并预警鸡舍内的异常事件；[⑥]沈明霞(2016)在《猪行为自动监测技术研究现状与展望》一文中，以母猪为主要研究对象，围绕母猪在发情、分娩、哺乳和疾病各阶

① 张校军、顾宪红：《音乐对动物福利水平的影响》，《家畜生态学报》2016年第3期。

② 尹国安、孙国鹏、黄大鹏：《少量添加稻草对生长猪福利的影响》，《中国畜牧杂志》2013年第15期。

③ 赵硕、阿丽玛、张玉：《改善肉羊运输福利的措施》，《黑龙江畜牧兽医》2018年第6期。

④ 崔耀明、管军军、王金荣、齐广海：《益生乳酸菌对肉鸡骨骼发育的影响及作用机制研究进展》，《动物营养学报》2021年第1期。

⑤ 张智、梁丽萍、李保明、赵婉莹、郑炜超：《冬季饮水温度对断奶仔猪生长性能与行为的影响》，《农业工程学报》2018年第20期。

⑥ 杜晓冬、曹晏飞、滕光辉：《基于图像和声音技术的种鸡舍内异常事件监测方法》，《中国农业大学学报》2018年第12期。

段所表现的活动形式、身体姿势、外表上可辨认的变化以及发声等行为特性，对目前国内外学者已经使用的包括电子测量、视频、音频等计算机自动监测技术进行综述。①

前十位作者中有2位作者研究方向为农业经济，研究内容以农场动物福利的经济效应为主，如姜冰(2021)在《消费者对农场动物福利产品的支付意愿及影响因素研究——基于动物福利乳制品的视角》一文中，探究了消费者对动物福利乳制品的支付意愿及其影响因素，探讨不同收入群体支付意愿影响因素的差异；②王常伟(2021)在《改善农场动物福利的经济机理、民众诉求与政策建议》一文中，从经济学视角分析了改善农场动物福利的经济机制，并基于微观调查考察了中国民众对动物福利的认知与改善诉求。③

前十位作者中仅有1位作者研究方向为科学思想史，研究内容以农场动物福利科学及其思想的发展与演进为主，如严火其(2019)在《农场动物福利"五大自由"思想确立研究》一文中，从科学实践哲学的视角对农场动物福利科学的理论核心"五大自由"思想的确立过程进行研究。④

对发文作者进行共现分析，得到中国农场动物福利研究作者合作网络中各机构的中心性。从中心性来看，所有作者的中心性

① 闫丽、沈明霞、刘龙申、陆明洲：《猪行为自动监测技术研究现状与展望》，《江苏农业科学》2016年第2期。

② 崔力航、李翠霞、包军、马翠萍、姜冰：《消费者对农场动物福利产品的支付意愿及影响因素研究——基于动物福利乳制品的视角》，《农业现代化研究》2021年第4期。

③ 王常伟、刘禹辰：《改善农场动物福利的经济机理、民众诉求与政策建议》，《云南社会科学》2021年第6期。

④ 郭欣、严火其：《农场动物福利"五大自由"思想确立研究》，《自然辩证法通讯》2019年第2期。

均为0,说明中国农场动物福利研究尚未建立起较好的作者合作网络。从网络分布来看,中国农场动物福利研究作者合作网络呈现总体分散、局部集中的特点,说明中国农场动物福利研究仅形成了少量较为成熟的核心研究队伍。中国农场动物福利研究作者合作以团队内部合作为主,主要表现为合作作者数量相对较少、合作范围相对较小、合作群体相对固定;而各团队之间合作较少,为数不多的合作仅集中于统一学科合作,跨学科合作极少,这与农场动物福利科学的学科交叉性质不符,不利于中国农场动物福利研究长期可持续稳定发展(见表3-2)。

表3-2　中国农场动物福利研究发文作者情况

排名	姓名	所在机构	数量(篇)	占比(%)	中心性
1	李保明	中国农业大学水利与土木工程学院	11	1.99	0.00
2	顾宪红	中国农业科学院北京畜牧兽医研究所	8	1.45	0.00
3	尹国安	黑龙江八一农垦大学动物科技学院	7	1.27	0.00
4	严火其	南京农业大学人文与社会发展学院	7	1.27	0.00
5	张玉	内蒙古农业大学动物科学学院	6	1.08	0.00
6	滕光辉	中国农业大学水利与土木工程学院	6	1.08	0.00
7	齐广海	中国农业科学院饲料研究所	6	1.08	0.00
8	沈明霞	南京农业大学工学院	6	1.08	0.00
9	姜冰	东北农业大学经济管理学院	5	0.90	0.00
10	王常伟	上海财经大学财经研究所	5	0.90	0.00

四、发文机构分析

机构是作者所在的具体单位,分析发文机构及合作网络可以明确研究领域的核心机构以及不同机构间的协作水平。从机构数量来看,中国农场动物福利研究涉及 342 个发文机构,发文数量前十名的发文机构共发文 68 篇,占机构总量比重为 12.30%。从机构性质来看,中国农场动物福利研究发文机构以涉农高等院校和涉农科研院所辖下的学院和研究所为主,占机构总量比重分别为 53.51%和 22.52%,说明高等院校与科研院所的学术团队是中国农场动物福利领域的主要研究群体。此外,还包括入境检验检疫局、畜牧局和动物疫病预防控制中心等事业单位、涉农企业和协会等社会团体,三者占机构总量比重分别为 15.20%、8.19%和 0.58%。从地理位置来看,国内农场动物福利领域研究发文机构主要集中在东北、华北和华中地区,可能是因为这三个地区是中国畜牧业优势区,畜牧业发展相对发达,能为当地高等院校和科研院所开展农场动物福利相关研究提供具备比较优势的学术资源与便利条件。从机构质量来看,发文数量前十名的发文机构中有中国农业科学院等国内顶尖涉农科研院所,有中国农业大学、东北农业大学、上海财经大学、西北农林科技大学等涉农“双一流”高校,在反映出中国农场动物福利研究有较为强大的科研力量作为支撑的同时,也侧面反映出中国农场动物福利研究发文机构可能具有显著的马太效应。

对发文机构进行共现分析,得到中国农场动物福利研究机构合作网络中各机构的中心性。从中心性来看,仅中国农业科学院北京畜牧兽医研究所、中国农业大学动物科学技术学院、中国农业科学院饲料研究所 3 个机构的中心性大于 0,说明中国农场动物福利研究尚未建立起较好的机构合作网络。从网络分布来看,中国农场动物福利研究发文机构大多处于独立分布状态,除中国农业大学和中国农业科学院与其他机构存在较多连线外，多数节点间呈两点一线状态，说明中国农场动物福利研究机构合作较为匮乏，而已有的机构合作多为同一一级机构的不同二级机构合作，成熟的规模合作网络尚未形成。从合作机构性质来看，不乏高等院校、科研院所与事业单位、政府部门的合作，说明中国农场动物福利研究具有较高的现实应用与实践推广价值(见表3-3)。

表3-3　中国农场动物福利研究发文机构情况

排名	机　构	数量(篇)	占比(%)	中心性
1	中国农业科学院北京畜牧兽医研究所	19	3.44	0.01
2	中国农业大学动物科学技术学院	14	2.53	0.01
3	中国农业科学院饲料研究所	6	1.08	0.01
4	中国农业大学水利与土木工程学院	5	0.90	0.00
5	东北农业大学经济管理学院	4	0.72	0.00
6	上海财经大学财经研究所	4	0.72	0.00
7	扬州大学动物科学与技术学院	4	0.72	0.00
8	内蒙古农业大学动物科学学院	4	0.72	0.00
9	西北农林科技大学动物科技学院	4	0.72	0.00
10	中国农业大学动物医学院	4	0.72	0.00

第三节　中国农场动物福利研究热点问题分析

一、关键词共现分析

关键词是文献研究内容的高度提炼，也是研究主题的突出表现，关键词之间的共现关系是分析研究热点的重要依据。关键词共现结果如表3-4所示，中国农场动物福利研究中“动物福利”出现的频次最高，是学者研究最多的议题。出现频次最高的关键词并非“农场动物福利”，主要是因为中国农场动物福利研究中农场动物福利概念具有一定模糊性和广延性。具体表现为将动物福利概念等同于农场动物福利概念。动物通常分为6类，农场动物、实验动物、伴侣动物、工作动物、娱乐动物和野生动物等。动物福利包含以上6类动物的福利，而非特指农场动物的福利。但在很多研究中，虽然研究对象是农场动物，但在文章中并未出现过“农场动物福利”一词，而是以“动物福利”代替。

此外，出现频率较高的关键词包括“动物”“健康养殖”“动物保护”“动物权利”“生产性能”“贸易壁垒”“家禽”“食品安全”“对策”“蛋鸡”“农场动物”和“行为”等，既反映出中国农场动物福利研究的主要对象，又反映出中国农场动物福利研究的主要内容。其中，家禽和蛋鸡两个关键词反映出中国农场动物福利研究的研究对象以鸡等家禽为主，主要原因是鸡肉和鸡蛋等家禽产品在当前国民饮食中的肉类消费中占比较高。根据国家统计局数据，2021年全国居民人均禽类消费量为12.3千克，占居民人均肉类消费量37.39%，全国居民人均蛋类消费量为13.2千克，2018年起年均增速超过50%，为农场动物源产品中最高(见表3-4)。

表3-4　中国农场动物福利研究关键词共现结果

排名	关键词	频率	中心性
1	动物福利	251	0.95
2	动物	15	0.07
3	健康养殖	14	0.02
4	动物保护	14	0.01
5	动物权利	14	0.01
6	生产性能	12	0.02
7	贸易壁垒	11	0.01

续表

排名	关键词	频率	中心性
8	家禽	11	0.02
9	食品安全	10	0.03
10	蛋鸡	10	0.03
11	农场动物	10	0.02
12	行为	10	0.00
13	福利	9	0.01
14	肉鸡	8	0.00
15	畜牧业	8	0.01

二、关键词聚类分析

对关键词进行聚类分析,得到中国农场动物福利研究关键词聚类结果,如表 3-5 所示。图中总结了 14 个类别,具体包括“动物福利”“产蛋量”“动物”“贸易壁垒”“动物保护”“家禽”“羔羊”“加拿大”“食品安全”“免疫功能”“家禽业”“应用前景”“散栏饲养”和“奶业发展”。下面将对重点关键词聚类展开具体分析。

(一)“动物保护”相关研究

韩德才和王延伟(2011)梳理了欧美国家动物福利运动和动物权利运动的发展情况,总结了动物保护运动对政治、经济和文化等方面产生的影响。[①] 李强(2011)结合中国动物保护立法现状,提出完善动物保护立法的意见,包括明确动物福利法律中动物的法律地位,明确动物福利立法的宗旨,扩大动物福利法涉及的动物

① 韩德才、王延伟:《从“爱它”到“爱己”——西方动物保护运动及其影响》,《环境保护》2011 年第 18 期。

范围,制定可操作性强的法律法规。[①] 刘宁(2010)指出关注动物保护问题,对中国具有积极的意义,包括有助于实现人与动物的和谐,完善动物保护法有利于提高社会的文明程度和国家形象,提高动物保护标准是应对动物福利贸易壁垒、保护中国出口贸易与经济发展的需要,有利于保障国家公共卫生安全,可以缩小中国与其他国家的法律差距。[②] 孙江(2010)将当代动物保护运动思潮划分为动物权利论和动物福利论两派,探讨了两种理论模式的可行性,认为动物福利论更适合我国的国情。[③] 史玉成(2020)认为应适时出台综合性的《动物保护法》,制定《动物福利法》,将农场动物纳入立法范围。[④]

(二)"加拿大"相关研究

2009 年 9 月 16 日,欧盟颁布了《关于海豹产品贸易的第(EC)1007/2009 号欧洲议会和理事会规则》,以猎杀海豹的行为不人道为由,禁止海豹产品进入欧盟市场。以加拿大为首的海豹产品出口国以"该禁令具有歧视性"向世界贸易组织提出诉讼。中国作为发展中国家,同样可能会受到动物福利壁垒的阻碍,故学者们对这一案例开展大量研究,以期为中国应对动物福利壁垒提供经验借鉴。马跃(2012)认为为应对动物福利壁垒,中国政府应

① 李强:《对我国动物福利立法的思考》,《东南大学学报(哲学社会科学版)》2011 年第 S1 期。

② 刘宁:《20 世纪动物保护立法趋势及其借鉴》,《河北大学学报(哲学社会科学版)》2010 年第 2 期。

③ 孙江:《当代动物保护模式探析——兼论动物福利的现实可行性》,《当代法学》2010 年第 2 期。

④ 史玉成:《论动物的法律地位及其实定法保护进路》,《中国政法大学学报》2020 年第 3 期。

尽快制定我国的动物保护法，行业协会应在制定行业标准、实施行业内部管理、严格行业自律等方面，发挥更加重要的作用，企业应积极主动地改善动物的生存环境，改进饲养、屠宰和运输方式。① 王燕和张磊（2013）认为动物福利壁垒具有明显的单边主义和道德价值输出的效应，在主张多边主义和自由贸易的世界贸易组织体制下难以为继。② 漆彤（2014）基于对欧盟禁止海豹产品进口措施案的分析，发现动物福利措施兼具保护动物的合理性与变相贸易保护的不合理性，欧盟海豹禁令的单边主义色彩不符合世界贸易组织所倡导的多边理念，并非解决多边贸易问题的最佳途径。③

（三）其他关键词

关于“家禽业”，杨宁（2019）指出当前中国家禽业在养殖方式、饲料给予、疫病防治都存在不符合动物福利的做法，需通过改进养殖技术取代一些被欧美禁止的做法，如笼养、断喙、断趾等。④

关于“应用前景”，王振红和朱晓玲（2009）介绍了传统敞开式运输在仔猪长途区域配送中产生的系统问题，分析了仔猪恒温运输车在区域配送中的优点，并对其在区域运输中的应用前景进行了阐述。⑤

关于“散栏饲养”，赵育国等（2012）从动物福利的角度出发，

---

① 马跃：《从加拿大诉欧盟海豹制品禁令案看动物福利壁垒及其影响》，《对外经贸实务》2012 年第 1 期。

② 王燕、张磊：《WTO 体制下动物福利措施的非歧视和必要性分析及发展困境——以加拿大诉欧盟〈海豹禁令〉案为视角》，《国际经贸探索》2013 年第 7 期。

③ 漆彤：《动物福利与自由贸易之辩——评加拿大、挪威诉欧盟禁止海豹产品进口措施案》，《厦门大学学报（哲学社会科学版）》2014 年第 2 期。

④ 杨宁：《全球家禽业发展趋势、挑战与技术对策》，《中国家禽》2019 年第 1 期。

⑤ 王振红、朱晓玲：《仔猪恒温运输车在仔猪区域配送中的优势及应用前景分析》，《广东农业科学》2009 年第 1 期。

探索了拴系式饲养与散栏饲养对肉牛屠宰性能及肉品质量的影响,发现散栏饲养的肉牛屠宰性能显著优于拴系式饲养的肉牛,而肉品质量无显著差别。①

表 3-5 中国农场动物福利研究关键词聚类结果

排名	关键词聚类	聚类所含关键词
1	#0 动物福利	奶牛、动物福利立法、加工、疾病、环境
2	#1 行为	光照、光照节律、生产性能、稻草、皮质醇
3	#2 产蛋量	产蛋量、动物权利、消费者、家禽饲料、消费
4	#3 动物	动物伦理、义务、人类、动物、应激
5	#4 贸易壁垒	贸易壁垒、国际贸易、水产品、对策、畜牧法
6	#5 动物保护	动物保护、反残酷、生产、保护、立法
7	#6 家禽	健康养殖、家禽、农场动物、发酵床、猪
8	#7 羔羊	羔羊、哺乳母羊、怀孕母羊、动物需求、北欧
9	#8 加拿大	加拿大、人道屠宰、动物健康、墨西哥、机遇和挑战
10	#9 食品安全	食品安全肉、植物蛋白基肉制品、人造肉、养殖产业
11	#10 免疫功能	免疫、免疫功能、内分泌、应激、应激原
12	#11 家禽业	家禽业、家禽、肉鸡、肉、坏死性肠炎
13	#12 应用前景	应用前景、应用、生产、抵抗力、大肠杆菌
14	#13 散栏饲养	散栏饲养、肉牛、拴系饲养、肉、增重性能
15	#14 奶业发展	奶业发展、中国奶业、发情行为、影响因素

第四节 中国农场动物福利研究前沿趋势分析

研究前沿能较好地展现科学研究中的新进展、新动向,是研究中具有较好创新性、发展性和学科交叉性的主题和方向。参考胡

① 赵育国、史彬林、闫素梅、于萍、刘晓静、郭玮、徐元庆、许忠霞:《拴系与散栏饲养方式对肉牛屠宰性能及肉品质的影响》,《中国畜牧杂志》2012 年第 9 期。

春阳(2017)等的做法,重点分析中国农场动物福利研究的高被引文献和突现关键词(见表 3-6)。[①]

一、高被引文献分析

根据文献实时被引量,确定高被引文献,考虑到高被引文献的特殊性,在确定时,不拘泥于出版时间和文献质量。动物行为是一个重要的动物福利评价指标,劳凤丹等(2012)提出了利用计算机视觉技术对单幅蛋鸡图像进行行为识别的方法,可自动识别单只蛋鸡的运动、饮水、采食、修饰、抖动、休息、拍翅膀、探索、举翅膀的行为,并可长时间追踪蛋鸡的活动情况及运动轨迹。[②] 准确高效监测畜禽行为及生理信息有助于分析动物的福利状况,保障动物福利,汪开英等(2017)梳理了畜禽养殖中传感器监测、图像检测及声音检测 3 种无损检测技术在获取畜禽信息方面的研究与应用现状。[③] 畜牧信息主要包括养殖环境信息、动物行为信息及健康指标信息,陆明洲等(2012)梳理了音频分析技术、机器视觉技术、无线传感器网络技术及射频标识技术在畜牧信息监测中的应用研究现状。[④] 畜禽养殖个体信息主要包括发情信息、分娩信息、行为信息、体重信息和健康信息,沈明霞等(2014)阐述了畜禽养殖中发情监测、分娩监测、行为监测、体重监测和健康监测等技术应用

① 胡春阳、刘秉镰、廖信林:《中国区域协调发展政策的研究热点及前沿动态——基于 CiteSpace 可视化知识图谱的分析》,《华南师范大学学报(社会科学版)》2017 年第 5 期。

② 劳凤丹、滕光辉、李军、余礼根、李卓:《机器视觉识别单只蛋鸡行为的方法》,《农业工程学报》2012 年第 24 期。

③ 汪开英、赵晓洋、何勇:《畜禽行为及生理信息的无损监测技术研究进展》,《农业工程学报》2017 年第 20 期。

④ 陆明洲、沈明霞、丁永前、杨晓静、周波、王志国:《畜牧信息智能监测研究进展》,《中国农业科学》2012 年第 14 期。

的研究现状。[1] 这四篇论文成为农场动物福利改善技术相关研究的重要基础。

常纪文(2006)以欧盟及其成员国为例,从法理、价值理念、调整对象和调整规则四个方面,分析动物福利立法的独特性。[2] 要想破除动物福利壁垒对中国农场动物源产品的束缚,就必须关注农场动物源产品国际贸易中的动物福利问题,翁鸣(2003)在分析西方国家动物福利法及其主要内容的基础上,比较了不同国家间动物福利的差距,探索了动物福利对农场动物源产品国际贸易的影响,提出应对动物福利壁垒的对策建议。[3] 这两篇高被引文献有助于学者们开展动物福利立法、动物福利壁垒等相关研究。

动物福利理念在中国的传播以及动物福利养殖模式在中国的推行都处于起步阶段,在此过程中,公众态度是不可忽视的问题,严火其等(2013)发现只有三分之一的中国公众听说过动物福利,但是就对工厂化养殖方式的评价、进行动物福利立法和为改进动物福利而支付较高价格的意愿来看,动物福利理念在中国有一定的民意基础。[4] 该高被引文献是以农场动物福利为主题的首次全国性的大范围问卷调查,是农场动物福利相关社会科学研究的基础。

王文智和武拉平(2013)利用选择实验方法,分析城镇居民对猪肉的品牌、绿色认证、饲料添加剂信息标签和动物福利 4 个

① 沈明霞、刘龙申、闫丽、陆明洲、姚文、杨晓静:《畜禽养殖个体信息监测技术研究进展》,《农业机械学报》2014 年第 10 期。

② 常纪文:《从欧盟立法看动物福利法的独立性》,《环球法律评论》2006 年第 3 期。

③ 翁鸣:《关注农产品国际贸易中的动物福利问题》,《世界农业》2003 年第 8 期。

④ 严火其、李义波、尤晓霖、张敏、刘志萍、葛颖:《中国公众对"动物福利"社会态度的调查研究》,《南京农业大学学报(社会科学版)》2013 年第 3 期。

质量安全属性的偏好及支付意愿。[①] 该高被引文献首次将动物福利属性融入农场动物源产品，考察消费者的支付意愿，对于后续开展消费者对农场动物源产品支付意愿相关研究具有重要参考价值。

孙世民等（2011）探究了山东省等9省份653家养猪场户的质量安全认知与行为，发现养猪场户对健康养殖的认知度较低，对动物福利改善的行为不够规范。[②] 该高被引文献首次将动物福利与健康养殖融入畜禽养殖环节，考察生产者的认知和行为，对后续开展生产者对动物福利改善意愿及行为相关研究具有重要借鉴意义。

动物福利是由国外研究引入国内的科学概念，而健康养殖是中国独有的概念，顾宪红（2011）论述了动物福利与健康养殖的概念及其关系。[③] 该高被引文献介绍了动物福利和健康养殖概念，并首次对比分析了二者之间的区别与联系，厘清了农场动物福利概念，为后续农场动物福利相关研究打下基础。

动物福利是一个科学体系，同时也是一门学科体系，包军（1997）介绍了动物福利科学的特点及研究领域，在论述国外动物福利发展现状的同时，还分析了动物福利在我国的发展前景。[④] 该高被引文献首次将动物福利视为一门学科和科学进行介绍，开创了中国动物福利研究的先河。

---

① 王文智、武拉平：《城镇居民对猪肉的质量安全属性的支付意愿研究——基于选择实验（Choice Experiments）的分析》，《农业技术经济》2013年第11期。

② 孙世民、李娟、张健如：《优质猪肉供应链中养猪场户的质量安全认知与行为分析——基于9省份653家养猪场户的问卷调查》，《农业经济问题》2011年第3期。

③ 顾宪红：《动物福利和畜禽健康养殖概述》，《家畜生态学报》2011年第6期。

④ 包军：《动物福利学科的发展现状》，《家畜生态》1997年第1期。

二、关键词突现分析

（一）“贸易壁垒”相关研究

在中国加入世界贸易组织后，中国农场动物源产品出口多次遭受动物福利壁垒阻碍。为此，学者分析了动物福利壁垒对中国农场动物源产品出口的影响，并提出相应的对策措施。姚敏和邓春燕(2004)发现动物福利壁垒会对畜禽产品、中药、餐饮服务、水产品、化妆品和皮毛产品等一系列农场动物源产品出口造成负面影响。[①] 唐凌(2005)通过需求供给模型分析动物福利壁垒对中国农场动物原产品贸易的影响，发现动物福利壁垒虽然会提高农场动物福利，但会减少生产者和消费者的自身福利，导致总体福利损失。[②] 胡江艳(2006)认为由于中国农场动物福利状况堪忧、相关立法滞后等原因，动物福利壁垒的突破难度较大。[③] 易露霞(2006)指出有必要建立一套行之有效的解决办法来应对动物福利壁垒，包括加快动物福利立法、建立动物福利标准、发挥行业协会的特殊作用提高农场动物源产品竞争力等。[④]

（二）“对策”相关研究

关于对策这一关键词，学者们开展的研究主要集中于动物福利壁垒对策研究和农场动物福利水平改善对策研究。

---

① 姚敏、邓春燕:《国际贸易中的动物福利问题及对我国出口贸易的影响》,《国际贸易问题》2004年第7期。

② 唐凌:《动物福利对国际贸易的影响及我们的对策》,《经济问题探索》2005年第7期。

③ 胡江艳:《动物福利对我国农产品贸易的影响及对策》,《生态经济》2006年第2期。

④ 易露霞:《动物福利壁垒对我国外贸的影响及应对》,《经济问题》2006年第1期。

1. 动物福利壁垒对策研究

张锁良和宋宇轩（2014）指出中国从事畜牧生产的饲养者农场动物福利观念不强，导致农场动物源产品出口贸易遭受动物福利壁垒阻碍，农场动物福利在未来的畜牧业发展中会越来越受到重视。[①] 肖晶和刘佳圭（2008）认为必须以世界贸易组织为依托、调整农场动物源产品产业战略布局才能应对动物福利壁垒。[②] 陈子剑（2009）从政府和企业两方面提出应对动物福利壁垒的措施，政府应加快动物福利标准体系建立、给予财政和税收支持、加强爱护动物宣传，企业应正确认识动物福利壁垒，改良生产、屠宰和运输的技术与方法。[③]

2. 农场动物福利水平改善对策研究

张珂等（2016）认为奶牛养殖过程中应重点保障饲养福利和运输福利，减轻奶牛的应激反应。[④] 靳爽和顾宪红（2018）针对规模化奶牛养殖场的动物福利问题，提出改善奶牛的生存空间、加强牛场地面、卧床、饮水条件和运动场等相关设施建设、提高饲养人员管理水平等解决对策。[⑤] 任金春等（2018）提出改善奶牛动物福利进而保障奶源质量安全的对策，包括加大动物福利宣传教育力度、建设科学的奶牛动物福利标准和健全动物福利法律法规等。[⑥]

---

① 张锁良、宋宇轩：《我国畜牧业存在的问题、对策以及未来的发展趋势》，《家畜生态学报》2014 年第 11 期。

② 肖晶、刘佳圭：《国际贸易壁垒的新趋势及我国的对策》，《商业时代》2008 年第 22 期。

③ 陈子剑：《我国畜产品出口遭遇道德壁垒的原因及对策》，《江苏商论》2009 年第 6 期。

④ 张珂、吴志明、闫若潜、赵雪丽、盛敏、刘光辉、李勤楠、李宁、刘阳利、李方方：《奶牛养殖场生物安全体系建设的现状、问题及对策》，《动物医学进展》2016 年第 7 期。

⑤ 靳爽、顾宪红：《规模化奶牛场主要动物福利问题及解决对策》，《家畜生态学报》2018 年第 10 期。

⑥ 任金春、乔小亮、王雪、陈鹏举、解金辉、张光辉：《动物福利对奶源质量安全的影响分析及对策探讨》，《黑龙江畜牧兽医》2018 年第 18 期。

（三）"动物权利"相关研究

动物福利与动物权利是极易混淆的两个科学术语，常纪文（2008）从法律关系主体角度围绕动物是否享有法律关系主体权利的问题进行分析。[①] 时建忠（2008）指出动物权利主张动物和人享有同等的权利，与动物福利有着本质区别，学者们主张的是动物福利而非动物权利。[②] 黄晓行和李建军（2011）则进一步分析了动物解放论、动物权利论和深生态哲学三种伦理观点在辩护对象、伦理学基础和现实诉求等方面的差异。[③] 朱振（2020）从现代民法的视角分析了动物权利在法律上的可能性，认为动物权利具有某种超越功利的性质，但仍存在一定缺陷。[④]

（四）"生产性能"相关研究

杨伟等（2009）综述了地面空间占有量和群体规模对猪的福利和生产性能的影响。[⑤] 杨培歌和顾宪红（2013）综述了断奶、冷、热、运输、屠宰等常见应激因素对猪的生产性能影响的相关研究进展。[⑥] 石雷等（2017）探究了不同光照对白羽肉鸡生产性能的影响，认为在肉鸡生产中可考虑采用模拟自然和夜间补光两小时

---

① 常纪文：《动物有权利还是仅有福利？——"主、客二分法"与"主、客一体化法"的争论与沟通》，《环球法律评论》2008 年第 6 期。

② 时建忠：《动物福利若干问题的思考》，《中国家禽》2008 年第 8 期。

③ 黄晓行、李建军：《关于动物道德地位的伦理辩护》，《自然辩证法通讯》2011 年第 6 期。

④ 朱振：《论动物权利在法律上的可能性——一种康德式的辩护及其法哲学意涵》，《河南大学学报（社会科学版）》2020 年第 3 期。

⑤ 杨伟、时建忠、顾宪红：《群体规模和地面空间占有量对猪的福利和生产性能的影响》，《中国畜牧兽医》2009 年第 6 期。

⑥ 杨培歌、顾宪红：《应激对猪生产性能、行为及血液理化指标影响的研究进展》，《中国畜牧兽医》2013 年第 1 期。

光照代替连续光照，以提高肉鸡动物福利和生产性能。[①] 谢强等(2018)阐述了不同光照强度、光照制度、光色和光源对家禽生产性能的影响及内在机制。[②] 王美芝等(2018)探究了规模化养殖模式下不同饲喂器饮水器配置对育肥猪生产性能和节水的影响。[③] 李洪志和傅善江(2020)综述了环境的丰富性及其对集约化生产系统猪的生产性能的影响，常用的富集物有稻草垫、悬挂的绳子、木屑、玩具、橡皮管等可咀嚼、可变形、可破坏和可消化的物品。[④] 安亚辉等(2020)发现本交笼能显著提高肉种鸡动物福利水平，提高肉种鸡产蛋率。[⑤] 雷梦等(2022)研究非禁食法换羽对蛋鸡生产性能的影响，发现在生产中替代禁食法换羽可在保障动物福利的基础上提高生产效益。[⑥]

（五）“饲养密度”相关研究

袁艳枝等(2020)在综述饲养密度对肉鸡生产性能、免疫机能、肠道健康状况、腿部健康状况和行为变化影响的基础上，介绍了品种、性别、饲养方式、群体规模、环境条件对肉鸡饲养密度的影响。[⑦]

---

① 石雷、孙研研、李云雷、陈超、陈余、陈继兰：《不同光照节律对 AA 肉鸡生产性能、胴体性能和福利的影响》，《家畜生态学报》2017 年第 7 期。

② 谢强、王文策、朱勇文、李孟孟、左鑫、陈哲、杨琳：《不同光照条件对家禽生长影响及其应用研究进展》，《饲料工业》2018 年第 13 期。

③ 王美芝、薛晓柳、刘继军、王文锋、韩蒙蒙、易路、吴中红：《不同饲喂器和饮水器配置对育肥猪生产性能和节水的影响》，《农业工程学报》2018 年第 S1 期。

④ 李洪志、傅善江：《环境富集对猪行为、生理和生产性能的影响》，《中国饲料》2020 年第 18 期。

⑤ 安亚辉、刘观忠、夏雪茹、张博、王人玉、安胜英：《本交笼模式对肉种鸡产蛋性能、种蛋品质及繁殖性能的影响》，《畜牧与兽医》2020 年第 2 期。

⑥ 雷梦、黄晨轩、郝二英、陈一凡、王德贺、石雷、杨亚维、李飞宇、陈辉、刘亚娟：《非禁食法换羽对蛋鸡生产性能、蛋品质、卵泡数量和生殖激素的影响》，《动物营养学报》2022 年第 11 期。

⑦ 袁艳枝、魏凤仙、王琳燚、席燕燕、李绍钰：《肉鸡饲养密度研究进展》，《中国家禽》2020 年第 6 期。

凌小凡等(2019)探讨了夏季肉牛的合理饲养密度,采用固定动物数量、通过改变栏舍面积控制饲养密度的方法,确定夏季肉牛饲养密度为3.6平方米/头更为适宜。[①] 刘砚涵等(2018)探究了不同饲养密度对北京鸭黏膜免疫、消化功能以及血液抗氧化功能的影响,发现高饲养密度影响了北京鸭消化道和呼吸道的黏膜免疫功能。[②] 李绍钰等(2017)综述了饲养密度对肉鸡生产性能及福利指标的影响,发现饲养密度会通过影响肉鸡的行为、生理应激、舍内环境以及疾病等进而影响肉鸡的生长、健康及福利。[③] 陈昭辉等(2017)探究了适宜肉牛生长的最佳饲养密度,发现每头182千克—282千克的牛适宜占地面积为3.6平方米,此时饲料转化率高,动物福利水平较高,利于农场取得较好经济效益。[④]

(六)"奶牛"相关研究

姜冰(2021)构建了规模化养殖场奶牛福利评价体系,运用层次分析法和德尔菲法对规模化养殖场奶牛福利评价指标进行筛选,并确定各指标权重,发现生理福利是最基本、最重要的福利维度。[⑤] 李麒等(2021)综述了奶牛运输应激、断奶应激和热应激对

① 凌小凡、邵广龙、刘玉欢、陈昭辉:《饲养密度对夏季肉牛生产、福利及环境的影响》,《黑龙江畜牧兽医》2019年第9期。

② 刘砚涵、李祎宇、冯献程、袁建敏、夏兆飞:《饲养密度对北京鸭黏膜免疫、消化功能及血液抗氧化能力的影响》,《中国家禽》2018年第16期。

③ 李绍钰、徐彬、魏凤仙:《饲养密度对肉鸡生产性能及福利指标的影响》,《中国家禽》2017年第20期。

④ 陈昭辉、刘玉欢、吴中红、王美芝、刘继军、杨食堂:《饲养密度对饲养环境及肉牛生产性能的影响》,《农业工程学报》2017年第19期。

⑤ 姜冰:《基于国际"5F"原则的规模化养殖场奶牛福利评价指标赋权研究》,《家畜生态学报》2021年第5期。

奶牛生产繁殖的影响，并总结了奶牛产生应激的原因，同时对应激发生后的解决措施与方案进行阐述。[①] 何金成等（2020）研究了环境温湿度对奶牛红外热成像温度的影响，提出了使用局部体表红外热成像温度替代体内直肠温度测量的方法。[②] 刘忠超等（2019）对国内外奶牛个体信息监测的研究现状进行了分析，重点阐述了奶牛行为监测、健康监测、个体识别的应用研究现状，讨论了相关研究目前存在的问题。[③] 高腾云等（2011）从奶牛的高产与福利、奶牛躺卧与使用卧栏、运动场与牛床垫料系统的选择、冬季防风及保持饮水温度等方面论述了奶牛的福利化养殖技术。[④]

（七）“食品安全”相关研究

杜志华和李丹（2010）认为应借鉴欧盟保障农场动物源食品安全的成功经验，突出食品生产、加工及销售的全程监督，注重对动物源性食品安全和非动物源性食品安全的区别管理，明确注重动物健康与动物福利是保障食品质量和安全的至关重要的因素。[⑤] 赵英杰（2010）从生理、环境、卫生、心理、行为五个方面分析农场动物福利对农场动物源食品安全的影响，提出提高国民动物福利认知程度、建立健全农场动物福利养殖的法律制度、构建科学

---

① 李麒、赵海东、邬明丽、唐晓琴、宋怀波、孙秀柱：《奶牛应激机制及其防治研究进展》，《黑龙江畜牧兽医》2021 年第 9 期。

② 何金成、张鲜、李素青、甘乾福：《环境温湿度及测量部位对奶牛红外热成像温度的影响》，《浙江大学学报（农业与生命科学版）》2020 年第 4 期。

③ 刘忠超、翟天嵩、何东健：《精准养殖中奶牛个体信息监测研究现状及进展》，《黑龙江畜牧兽医》2019 年第 13 期。

④ 高腾云、付彤、廉红霞、李改英、孙宇：《奶牛福利化生态养殖技术》，《中国畜牧杂志》2011 年第 22 期。

⑤ 杜志华、李丹：《欧盟动物源性食品安全法律问题研究》，《河南省政法管理干部学院学报》2010 年第 6 期。

的农场动物福利标准体系的对策建议。① 王常伟和刘禹辰(2021)从经济学视角分析了改善农场动物福利的经济机制,并基于微观调查考察了中国民众对动物福利的认知与改善诉求,最后提出了促进动物福利改善的相关建议。② 王常伟和顾海英(2016)将农场动物福利纳入食品安全议题之内,考察了消费者的农场动物福利认知对其支付意愿及政策诉求的影响。③

表 3-6 中国农场动物福利研究关键词突现情况

关键词	起始年份	终止年份
贸易壁垒	2004	2010
对策	2005	2008
动物权利	2009	2013
动物	2014	2018
福利	2015	2018
生产性能	2017	2020
饲养密度	2017	2018
生产性能	2018	2022
奶牛	2018	2022
食品安全	2020	2022

第五节 研究结论与局限

基于中国知网数据库中 2000—2022 年农场动物福利相关文

① 赵英杰:《动物性食品安全视角下的动物福利问题研究》,《贵州社会科学》2010 年第 6 期。

② 王常伟、刘禹辰:《改善农场动物福利的经济机理、民众诉求与政策建议》,《云南社会科学》2021 年第 6 期。

③ 王常伟、顾海英:《动物福利认知与居民食品安全》,《财经研究》2016 年第 12 期。

献，运用 CiteSpace 软件通过知识图谱的形式呈现中国农场动物福利研究的研究进展、热点问题和前沿趋势，并在此基础上结合阅读归纳法综述中国农场动物福利研究成果，得出以下研究结论：

首先，中国农场动物福利研究已由萌芽阶段发展至发育阶段，发文数量呈波动增长态势；文献来源以《中国家禽》《黑龙江畜牧兽医》《中国畜牧杂志》《家畜生态学报》和《畜牧与兽医》等畜牧与动物医学学科期刊为主；发文作者尚未形成稳定的核心作者群，发文机构以农林类高等院校和科研院所为主，作者和机构合作较为松散，具有较大的合作发展空间。

其次，通过关键词共现和聚类结果分析，发现中国农场动物福利研究热点问题集中于“动物福利”“产蛋量”“动物”“贸易壁垒”“动物保护”“家禽”“羔羊”“加拿大”“食品安全”“免疫功能”“家禽业”“应用前景”“散栏饲养”和“奶业发展”等关键词。

最后，通过高被引文献和关键词突现结果分析，发现“贸易壁垒”“对策”“动物权利”“生产性能”“饲养密度”“奶牛”“食品安全”等关键词代表着中国农场动物福利研究的前沿趋势。

虽然得到了一定结论，但仍存在一定不足，CiteSpace 分析工具对关键词共现率和文献被引率有门槛值要求，这可能会导致最新发表的重要文献无法在分析中体现出来。此外，尽管 CiteSpace 分析软件拥有先进的图谱绘制功能，但解读图谱仍然是一项有难度的工作，容易出现诸如误读、漏读和选择性解读等问题，这些情况会在一定程度上影响结果分析，后续研究需要在 CiteSpace 方法的应用上强化图谱解读的规范性和严谨性。

第四章　中国农场动物福利在社会科学领域的发展现状

第一节　中国古代对动物的态度

动物福利是保护动物的重要原则，是动物保护事业发展的必然产物。动物福利主张善待动物，强调人与动物和谐共存，即在人类利用和动物需求之间寻求一种动态平衡。在中国动物福利思想并不是完全的舶来品，其理念蕴含于中国五千年文明史中，根植于中华优秀传统文化，是中华文明的重要组成部分。中国动物福利的思想启蒙源于商周时期的西周时代（公元前1046年），在这一时期就有根据动物习性和时节特性饲养动物以及动物伤病要进行医治的意识，如《诗经·王风·君子于役》中有"日之夕矣，牛羊下来"、《周礼·夏官·巫马》中有"掌养疾马而乘治之，相医而药攻马疾"等记载。春秋时期后，对中国社会产生重要影响的大家学派相继创立，倡导仁爱对待动物、尊重动物生命、人与动物和谐共生的动物观。

一、仁爱

儒家在对人与动物关系的思考中，主张“仁爱”，仁爱是儒学思想的核心概念，它并非只针对人，也包括动物，孔子认为对待动物是一种道德问题，人们应该用一种同情的态度善爱动物，也就是以一种人道的态度来和它们相处。“夫鸟兽之于不义尚知辟之，而况乎丘哉。”（《史记·孔子世家》）孔子认为鸟类和野兽在目睹自己的同伴遭受痛苦时也有悲悯的情感，道德意识更强的人类更要善待动物。孟子在孔子思想的基础上把仁爱转化为对动物的同情和爱护。孟子说：“君子之于禽兽也，见其生，不忍见其死；闻其声，不忍食其肉。”这种恻隐之心，正是当前推动世界各地人们开展人道养殖、人道屠宰的萌芽。

道家在道德实践上倡导“积德累功，慈心于物”。所谓“积德累功，慈心于物”要求对待包括人在内的一切动物怀有慈悲之心和悲悯之心，从而达到保护动物和植物，保护自然的目的。道家学说在很早就把保护动物看作是善行。“欲求长生者，必欲积善立功，慈心于物，恕己及人，仁逮昆虫。”这里说的就是要做一个善良的人就应当爱护动物甚至是昆虫。

二、尊重生命

道家坚持“物无贵贱”的众生平等和尊重生命的伦理思想。“以道观之，物无贵贱；以物观之，自贵而相贱”（《庄子·秋水》）从道的意义上看，世间万物价值都是平等的，没有贵贱的区别；从万物自身来看，自以为贵造成相互轻蔑，导致不良后果。道家主张“无为”，“无为”不是无所作为，而是不妄加干涉自然，不破坏生态平衡，顺应自然规律。道家在众生平等的基础上，又进一步将道德关怀从人和社会投向自然界,在对待动物的态度上,主张尊重一切动物生命,以它们的存续作为保护动物福利的伦理原则,“不涸泽而渔,不焚林而猎”(《文子·上仁》),不能只顾眼前利益,无度地索取,这是违背“道法”的。道家认为人之所以要保护动物,是因为动物和我们都是同类,人和动物应和谐相处,彼此不互相伤害。道家对动物生命的关注不仅体现在那些活着的动物身上,还主张人类应该好好安葬那些已经死去的动物,以表示对其尊重,这也是道家重视生命的体现。

道家在发展的过程中,也吸收了董仲舒的“天人感应论”,信奉因果报应。在许多戒恶杀生的经书里都会论述关爱和尊重动物的人会得到好的回报,而残忍对待动物,没有悲悯之心的人会有可怕的惩罚。总之,道家的保护动物思想对于当今社会公众动物福利保护思想的形成具有重要的引导作用。

佛家将道德关怀的对象拓展至动物,甚至自然界中所有的生物和非生物,认为动物和人类的本质是一样的,应该被平等对待。例如,在《大般涅槃经》中提到:“一切众生皆有佛性。”“以佛性故,等视众生无有差别。”因此,在众生平等思想的基础上,佛家提出了不杀生的实践要求,并成为佛教中的第一大戒律,以此来限制人们的行为活动。佛家甚至认为在所有罪恶中,杀生之罪最为严重,为了更好地贯彻这一戒律,佛家积极推崇素食,禁止弟子和信众食用任何肉类食物。除了推崇素食,禁食肉,在不杀生这一戒律上,佛家还加以因果报应轮回说作为其理论支撑。佛家还有许多护生小故事体现了以动物的利益为重,例如佛祖割肉喂鹰、以身饲虎等,表明他们真切关注动物,给予动物保护和安乐,佛家尊重一切生命,爱护动物的伦理思想,能够给我们现今动物保护提供一个有益参考。佛家主张“不杀生”的动物权利思想与动物福利理念存在本质的区别。动物权利反对任何形式的动物利用，而动物福利不反对合理地利用动物，但二者均主张在利用的过程中减少动物不必要的痛苦。

三、和谐共生

在儒学系统中人类与自然和谐共生的思想占有很大比例。孔子指出：“断一树，杀一兽，不以其时，非孝也。”（《礼记·祭义》）指的是动植物未长大成熟时不能渔猎和砍伐，表明人类应该根据自然时节利用万物。并且特别关注对动物的持续发展，反对竭泽而渔杀鸡取卵的做法。孟子说：“不违农时，谷不可胜食也；数罟不入洿池，鱼鳖不可胜食也；斧斤以时入山林，材木不可胜用也。”（《孟子·梁惠王上》）实现“万物并育而不相害，道并行而不相悖”（《礼记·中庸》）。在儒家思想中，有大量关于在狩猎和捕捉动物时要严格限制时间和行为规范的论述。儒家经典《礼记·月令》中提道：“命祀山林川泽，牺牲毋用牝，禁止伐木，毋覆巢，毋杀孩虫，胎夭飞鸟，毋麛毋卵。”这些都是儒学思想中主张通过时令来保护动物的论述，这些思想将人们对自然以及动物的关爱上升到道德高度，纳入伦理范畴，并与儒家所倡导的孝、仁、礼、恕等联系在一起，成为人与自然、与动物和谐相处的理论典范。儒家对待动物主张的是有节制地去获取自身需要的资源，并且要使其得到有效的休养生息，否则就会严重影响自然平衡，最终反噬自身。

道家创始人老子说：“人法地，地法天，天法道，道法自然。”（《老子》）。庄子说：“天地与我并生，万物与我为一。”（《庄子·齐物论》)认为人和自然一样都是以“道”为本源,是宇宙的一部分,宇宙是一个整体,主张天人合一,物我为一的整体观。道家对道生万物的阐述,让人类开始重新认识人在天地中所处的位置,人类并不是这个世界的主宰者,和其他非人类生物一样都是自然界的一部分,万物众生都是平等的,人与自然休戚与共,要遵循自然的客观规律,与其他生物和谐共生,在这个层面,也包括人与动物的和谐共生。

佛家的动物福利保护伦理思想是以“缘起论”作为其理论基础。缘起论认为宇宙万物都有其必然的因缘,世界上的所有事物都是普遍联系的,是彼此相互依存的关系和条件,万物均不是孤立的存在。“缘起论”倡导人类关爱自然,认为人类有保护自然的责任和义务,动物作为自然界的一部分,也是人类生存环境之一,理应受到人类的保护。

千百年来,“儒道佛”三家所提倡的这种人与自然和谐共生的思想不断发展,潜移默化地影响着中国人对待自然,对待动物的态度,为现代人们重视动物福利,寻求畜牧业可持续发展奠定了思想基础。

第二节　中国当代学者对动物福利的认知

动物福利是社会经济发展到一定水平的产物,动物福利与人的福利紧密相关,具有一致性,动物福利不是片面地、一味地保护动物,也不是反对合理地利用动物,而是在兼顾对动物利用的同时,考虑动物的福利状况,并反对使用那些极端的利用手段和方式，动物福利就是基于这一利益平衡的出发点产生的。[①] 提倡动物福利的主要目的有两个：一是从以人为本的思想出发，改善动物福利可最大限度地发挥动物的作用，即有利于更好地让动物为人类服务。二是从人道主义出发，重视动物福利，改善动物的康乐程度，使动物尽可能免除不必要的痛苦。由此可见，动物福利的目的就是人类在兼顾利用动物的同时，改善动物的生存状况。[②] 动物福利问题不仅考验人类的道德与文明，影响动物的安适和康乐，而且对动物性食品安全、动物性产品的国际贸易、动物源性疫病的防控也会产生直接的影响。同时，它也是现代生态文明的重要体现。因此，任何国家在任何发展阶段都应该关注动物福利。[③④]

究其本源，"动物福利"术语最初产生于科学领域，它代表着该领域对动物的道德关切。[⑤] 对于对待动物的立场而言，"动物福利"即"动物善待"，就是"善待活着的动物，减少动物死亡的痛苦"。动物福利的基本出发点是让动物在康乐的状态下生存，也就是为了使动物能够健康、快乐、舒适而采取的一系列的行为和给动物提供的相应的外部条件。至于康乐的标准，动物康乐是指动物有机体的身体及心理与环境维持合理协调的状态；合理的协调是以不存在阻碍动物维持正常生活健康及舒适的不良刺激、超常刺激或任何负荷条件，或人为地剥夺动物的各种需要为特征。康

① 秦红霞：《非人类中心主义环境伦理下的动物保护思想梳理分析》，《野生动物学报》2020年第1期。

② 王倩慧：《动物法在全球的发展及对中国的启示》，《国际法研究》2020年第2期。

③ 包军：《中国畜牧业的"动物福利"》，《农学学报》2018年第1期。

④ 顾海英、王常伟：《转变生产消费方式诉求下的动物福利规制分析——基于防控新冠肺炎的思考》，《农业经济问题》2020年第3期。

⑤ 郭欣、严火其：《农场动物福利"五大自由"思想确立研究》，《自然辩证法通讯》2019年第2期。

乐反映了动物的生活质量及动物的内部感受，而福利则是指为满足动物生活所必需的外部条件。动物生活得越舒适，说明动物福利状况越好。判断动物的福利是否恶化主要从康乐入手。“康”指健康，反映了动物生物机能的好坏，运转是否正常，包括正常发育、无病、无伤害等；“乐”指快乐，指心理上的安乐，不紧张、不枯燥、无压抑感等，说明了动物的情感状态。[①②③] 动物福利的实质就是要实现健康与快乐的“统一”，是畜牧生产条件下动物生活条件的改善，是指满足动物基本需求并把痛苦减到最低。

国内学者的研究也是围绕国际公认的“五大自由”来进行的：动物福利包含的免受痛苦和恐惧；免于疾病；免于饥渴；免于不适和痛苦；能够自由地表达正常行为 5 类自由，涉及生理福利、环境福利、卫生福利、心理福利、行为福利五大方面，前三点是动物生理机能方面的内容，反应的是动物生理是否正常，容易对待和识别，大多数易被量化，后两点是动物心理方面的内容，反应动物对环境感受的积极性，一般不易衡量。[④] 基于动物福利，人类对动物需履行“五大义务”，即基本的爱心、农场主应具有娴熟的技能和责任心、科学合理的工艺设计和管理规程、对患病个体及时处置、人道运输和屠宰五种义务。动物福利有“三个标准”：自然生活标准，即各类动物的生活接近自然状态，能够自如地表现其正常行为，不被过分限制；生物机能标准，即动物的成活率高或达到应有的指

---

① 包军：《动物福利学科的发展现状》，《家畜生态》1997 年第 1 期。

② 齐琳、包军、李剑虹：《动物福利与畜牧业发展》，《中国动物检疫》2008 年第 10 期。

③ 王常伟、刘禹辰：《改善农场动物福利的经济机理、民众诉求与政策建议》，《云南社会科学》2021 年第 6 期。

④ 姜冰：《基于国际“5F”原则的规模化养殖场奶牛福利评价指标赋权研究》，《家畜生态学报》2021 年第 5 期。

标，且身体健康，能够正常发挥遗传赋予的生产性能，生物机能正常展现；情感状态标准，即减少或避免动物的紧张、不安、压抑、负担、恐惧、折磨甚至疼痛，增加和保障动物的舒适、快乐和满足感。可见，动物福利是一个较为复杂的概念，涉及科学、伦理、文化、经济和政治等诸多方面，涵盖动物饲养、运输、拍卖和屠宰多个阶段，涉及畜禽主、饲养管理人员、研究人员、运输操作人员和屠宰人员等多方主体。尽管目前对于动物福利的概念尚未统一，但在保障动物健康、反对虐待动物、人与动物和谐相处等方面已达成共识。①②③

第三节　中国政府保护动物的法律制度

一、野生动物

1988 年颁布，2004 年修订的《中华人民共和国野生动物保护法》是我国颁布的第一部针对动物保护的专门性法律，是针对野生动物的法律。该法禁止买卖国家重点保护的野生动物及其制品，不得对禁止运输的野生动物及其制品进行运输，同时禁止非法捕猎。它的颁布与实施，使中国野生动物保护事业走向了法律化、标准化、制度化的道路，对保护野生动物，特别是珍稀濒危野生动物，促进生态均衡起到了十分重要的作用。1990 年审议通过《国家重点保护野生动物驯养繁殖许可证管理办法》，该办法对野生

① 包军：《动物福利学科的发展现状》，《家畜生态学报》1997 年第 1 期。
② 柴同杰：《畜禽健康养殖与动物福利》，《中国家禽》2014 年第 22 期。
③ 孙忠超、贾幼陵：《论动物福利科学》，《动物医学进展》2014 年第 12 期。

动物驯养繁殖单位和个人的资质作出了要求,并规定了违反各类要求的处罚。1992 年颁布的《中华人民共和国陆生野生动物保护实施条例》和 1993 年颁布的《水生野生动物保护实施条例》,是根据《中华人民共和国野生动物保护法》的规定,为了更全面地保护陆生和水生野生动物而制定的,均经过了两次修订,条例中对于野生动物的生存环境保护、生存条件保护、动物救治、捕猎、驯养繁殖和经营利用都作出了规定,更好地保障了野生动物的各种福利。1993 年的《自然保护区条例》明确规定,在珍稀、濒危野生动植物物种的天然集中分布区域应当建立保护区来保护野生动物。另外,我国动物保护在刑法上也有所突破,我国 1997 年修订了《中华人民共和国刑法》,其中增加了关于野生动物保护的罪名:非法猎捕、杀害珍贵、濒危野生动物罪;非法收购、运输、出售珍贵、濒危野生动物、珍贵、濒危野生动物制品罪等。[①] 2017 年 12 月,国家新闻出版广电总局对《电影剧本(梗概)备案、电影片管理规定》进行了修订,其规定电影片有宣扬破坏生态环境,虐待动物,捕杀、食用国家保护类动物的,应删减修改。2018 年 10月,全国人大常委会对《中华人民共和国野生动物保护法》进行了修正,增加了有关动物福利的内容,其规定人工繁育国家重点保护野生动物应当根据野生动物习性确保其具有必要的活动空间和生息繁衍、卫生健康条件,具备与其繁育目的、种类、发展规模相适应的场所、设施、技术,同时应符合有关技术标准和防疫要求,不得虐待野生动物。

---

① 乔新生:《动物福利立法不能脱离中国国情》,《中南财经政法大学学报》2004 年第 5 期。

二、实验动物

1988年我国出台了《实验动物管理条例》，该条例主要是针对我国实验动物在科学研究的各个环节的管理进行的规定。其中，对实验动物福利也作出了规定，规定从事实验动物饲育工作的单位，必须根据遗传学、微生物学、营养学和饲育环境方面的标准，定期对实验动物进行质量监测。实验动物必须饲喂质量合格的全价饲料。霉烂、变质、虫蛀、污染的饲料，不得用于饲喂实验动物。直接用作饲料的蔬菜、水果等，要经过清洗消毒，并保持新鲜。① 1997年《农业系统实验动物管理办法》中明确规定从事实验动物工作的单位和个人，必须需要根据与遗传学、微生物、饲料和环境设施有关的指标管理实验动物；实验动物严格按照等级差异分开饲养；对于与实验动物相关的单位都应建立严格的管理制度；研究、饲育、保种、供应、使用实验动物的单位，应当指定专职人员负责本单位实验动物的管理工作，建立管理制度，定期对本单位实验动物工作进行检查。2004年，"动物福利"一词明确地出现在《北京市实验动物管理条例》中，这是"动物福利"首次被写入我国的法律，该条例规定："从事实验动物工作的单位和个人，应当维护动物福利。"② 2017年3月，由国务院修订的《实验动物管理条例》规定从事实验动物工作的人员对实验动物必须爱护，不得戏弄或虐待。2017年7月，由国家食品药品监督管理总局发布的《药物非临床研究质量管理规范》要求在使用实验动物时应关注动物福

① 常纪文：《WTO与中国动物福利保护法的建设》，《广西经济管理干部学院学报》2003年第1期。

② 杨莲茹、孔卫国、杨晓野、刘珍莲：《动物福利法的历史起源、现状及意义》，《动物科学与动物医学》2004年第6期。

利，遵循“减少、替代和优化”的原则，试验方案实施前应当获得动物伦理委员会批准，并对实验动物的生存环境、饲养、诊断治疗等做了详细规定。

三、农场动物

目前，我国并没有独立的农场动物福利法律，相关规定散见于一些法律法规中，在我国经济和科技不断发展的过程中，环境保护的问题日益突出，我国加大了环保立法，这些环保法虽然目的和主旨并不是动物福利保护，但部分对动物保护的内容有所涉及，例如1992年实施的《进出境动植物检疫法》、2010年颁布的《动物检疫管理办法》对动物的进出口检疫福利问题作出了相关规定。2005年12月29日制定颁布了《畜牧法》。《畜牧法》通过后，虽然“动物福利”由于概念不明确被删除，但是《畜牧法》还是包含农场动物福利相关的内容。该法对牲畜遗传资源保护、畜禽养殖和生产、畜禽贸易和运输等方面都作出了相关规定，第七条规定应指示畜牧业生产商和运营商改善畜牧业、养殖、繁殖、运输条件和环境。第十二条规定要保护畜牧遗传资源。第二十条对获得畜禽养殖生产经营许可的条件作出了具体规定。第三十五条关于草原牧区的改良，包括草原基本建设、畜牧品种、畜群结构、改善草原生态环境。第三十六条关于畜牧兽医技术推广。第三十九条明确了畜禽养殖和饲养社区的条件，包括生产场地、生产设备、畜牧兽医技术人员、畜牧垃圾无害化处理设备。规定了畜禽养殖中的禁止行为：使用违反法律，行政法规和强制性国家技术法规的饲料、饲料添加剂和兽药；使用未经高温消毒的餐馆和厨房用水喂养牲畜；在垃圾填埋场饲养牲畜和家禽或在垃圾填埋场使用材料。[①] 2010 年实施的《动物检疫管理办法》第一条规定：为加强动物检疫活动管理，预防、控制和扑灭动物疫病，保障动物及动物产品安全，保护人体健康，维护公共卫生安全，根据《中华人民共和国动物防疫法》制定本办法。该办法对动物在饲养、屠宰、运输、出售等不同环节对动物的检疫方式、责任主体等都做了较为细致的规定，来确保在利用动物的过程中动物的健康。2008 年 7 月，由商务部公布的《生猪屠宰管理条例实施办法》鼓励生猪定点屠宰厂（场）按照国家有关标准规定，实施人道屠宰。2009 年，经过多位动物保护专家及学者的仔细推敲、研究和讨论，我国制定了《中华人民共和国动物保护法》（专家建议稿），将动物按照野生动物、经济动物、实验动物、宠物动物和其他动物进行分类，主要是对动物在饲养、繁殖、销售、实验、屠宰、运输等环节上进行管理，使动物得到公平人道的对待，免遭虐待。这些要求及理念有利于维持生态平衡和公共秩序，有利于我国民众的身心健康和食品安全，也有利于提升我国动物产品的国际竞争力。2013 年 12 月，农业部对《执业兽医管理办法》进行了第二次修订，规定执业兽医应在执业活动中爱护动物，宣传动物保健知识和动物福利。2018 年 11 月，修正后的《进境水生动物检疫监督管理办法》规定，对水生动物的包装应满足动物生存和福利需要，不同养殖场或者捕捞区域的水生动物应当分开包装，不同种类的水生动物应当独立包装。

① 常芳媛：《论我国动物保护立法构建》，《法制与社会》2016 年第 4 期。

四、其他动物

中国关于保护伴侣动物、娱乐动物和工作动物的立法相对匮乏，且较少参加过任何全球性和区域性的宠物动物保护公约。在国内立法上，也无规定伴侣动物保护的专门立法文件和法律条款，有的也只是一些基于完全站在人的立场上以维护国际贸易、食品安全、卫生防疫、市场秩序等方面利益为出发点的行政管理法规定，基本没有直接树立和体现保护动物福利的伦理道德理念和立法价值追求。例如，《动物防疫法（1997 年）》被学者视为宠物动物福利立法文件，只是由于其与宠物动物的卫生防疫有关而已，实际上其和动物福利本质相差甚远。2010 年 3 月，中国正式公布的《反虐待动物法（专家意见稿）》中明确规定“禁食猫狗肉”，并对宠物销售、繁殖、禁止虐待宠物等多方面进行了规定。尽管只是专家意见稿，但也表明我国已经开始对伴侣动物福利进行立法保护，即在立法目的上有了观念上的转变，体现了立法目的的进步。[①] 2013 年 7 月，住房和城乡建设部委托中国动物园协会编制了《全国动物园发展纲要》，规定在野生动物保护和饲养工作中应当做到杜绝各类动物表演。

第四节　中国农场动物福利的行业标准

促进农场动物福利是推动农业绿色发展的重要选择，是保障食品安全和健康消费的重要举措，亦是现代社会人文关怀的重要

① 袁晓淑：《论伴侣动物福利的法律保护》，《淮海工学院学报（人文社会科学版）》2018 年第 7 期。

体现方式，农场动物福利化养殖逐渐成为从业企业的生产标准，得到行业协会、标准组织的广泛关注与重视，近些年，我国陆续发布了农场动物福利的国家标准、行业标准、团体标准、地方标准和企业自订标准来推行农场动物的健康养殖方式，引导从业者实施福利化养殖。根据全国标准信息公共服务平台网站的查询结果显示：我国共计发布了关于动物福利的标准规范42部，其中国家标准3部，行业标准6部，地方标准9部，团体标准11部，企业标准13部，涵盖3种动物类型，其中关于农场动物福利保障的标准有34部，占有绝对的数量优势，关于实验动物和野生动物福利保障的标准较少，分别有6部和2部。这些发布的标准内容涵盖动物养殖、繁殖、运输、屠宰及加工全过程的福利标准。

在国家标准方面，针对实验动物，2012年发布了《医疗器械生物学评价》，其中第二部分：动物福利要求中提出了人道实验中的各种动物福利要求，2018年又发布了《实验动物　福利伦理审查指南》来确保动物实验符合伦理，以提高实验动物的福利。针对农场动物，2013年发布了《良好农业规范（GAP）》：我国良好农业规范的第七部分至第十部分依次规定了牛羊、奶牛、猪、家禽生产的良好农业规范要求，对畜牧业生产是否符合良好农业规范进行判定，其中，将动物福利列为关键类指标（见表4-1）。

表4-1　有关动物福利的国家标准

计划号	项目名称	主管部门	实施日期	项目状态
GB/T 16886.2—2011	医疗器械生物学评价　第二部分：动物福利要求	国家药品监督管理局	2012年5月1日	现行
GB/T 35892—2018	实验动物　福利伦理审查指南	科学技术部	2018年2月6日	现行

续表

计划号	项目名称	主管部门	实施日期	项目状态
GB/T 20014.7—2013	良好农业规范 第七部分:牛羊控制点与符合性规范	国家标准化管理委员会	2014 年 6 月 22 日	现行
GB/T 20014.8—2013	良好农业规范 第八部分:奶牛控制点与符合性规范	国家标准化管理委员会	2014 年 6 月 22 日	现行
GB/T 20014.9—2013	良好农业规范 第九部分:猪控制点与符合性规范	国家标准化管理委员会	2014 年 6 月 22 日	现行
GB/T 20014.10—2013	良好农业规范 第十部分:家禽控制点与符合性规范	国家标准化管理委员会	2014 年 6 月 22 日	现行

资料来源:全国标准信息公共服务平台(见 http://std.samr.gov.cn/)。

在行业标准方面,发布了针对野生动物福利的标准 1 部,由国家质量监督检验检疫总局发布,涉及海洋哺乳动物饲养、运输、隔离、检验防疫过程中的动物福利;针对实验动物福利的标准 3 部,由国家质量监督检验检疫总局和国家市场监督管理总局发布,规定了饲养、运输、隔离、实验使用过程中的动物福利;针对农场动物福利的标准 2 部,由国家质量监督检验检疫总局和国家认证认可监督管理委员会发布,涉及马和牛两类畜种在饲养、运输、屠宰流程中的动物福利(见表 4-2)。

表 4-2 有关动物福利的行业标准

标准号	标准名称	发布部门	实施日期	范 围
SN/T 4803—2017	进境海洋哺乳动物运输、隔离、饲养过程中的动物福利规范	国家质量监督检验检疫总局	2018 年 3 月 1 日	用于进境海豚、鲸、海狮、海豹、海象等海洋哺乳动物运输、隔离、检验检疫、饲养过程中的福利保障

续表

标准号	标准名称	发布部门	实施日期	范　围
SN/T 3986—2014	实验动物饲养、运输、使用过程中的动物福利规范	国家质量监督检验检疫总局	2015 年 5 月 1 日	适用于实验动物饲养、运输、实验使用过程中的动物福利管理
SN/T 4802—2017	进出境非人灵长类动物饲养、隔离、运输过程中的动物福利规范	国家质量监督检验检疫总局	2018 年 3 月 1 日	适用于进出境非人灵长类实验动物的饲养、隔离和运输过程中动物福利相关的管理和技术要求
RB/T 018—2019	实验动物福利和人员职业健康安全检查指南	国家市场监督管理总局	2019 年 7 月 1 日	动物饲养和使用机构对实验动物福利状况检查时使用
SN/T 4102—2015	马的饲养、运输、屠宰动物福利规范	国家质量监督检验检疫总局	2015 年 9 月 1 日	适用于马的饲养、运输、屠宰过程中动物福利的保障
SN/T 3774—2014	牛的饲养、运输、屠宰动物福利规范	国家认证认可监督管理委员会	2014 年 8 月 1 日	适用于牛的饲养、运输、屠宰过程中动物福利的保障

资料来源:全国标准信息公共服务平台(见 http://std.samr.gov.cn/)。

在团体标准方面,发布的标准全部是针对农场动物福利,涉及的畜种有猪、肉牛、肉羊、绒山羊、蛋鸡、肉鸡、奶牛和鹿,规定了养殖、运输、屠宰、加工以及特殊畜种的特殊处理等过程中的动物福利。基于国际上普遍认可的“5F”原则,中国标准化协会自 2014 年起先后发布了猪、肉鸡、蛋鸡、肉牛、肉羊的农场动物福利要求团体标准,对农场动物的养殖、运输、屠宰及加工全过程的动物福利提出标准要求;中国畜牧业协会针对肉鸡、蛋鸡和鹿发布了《舍饲白羽肉鸡福利》《商品代蛋鸡福利饲养规范》《鹿福利》,对农场动物的饲养、运输、屠宰过程中的动物福利提出标准要求,另外还在《鹿福利》中对锯茸过程作出了规定;中国农业国际合作促进会于 2020 年针对水禽和绒山羊分别发布了农场动物福利团体标准《农场动物福利要求　水禽》《农场动物福利要求　绒山羊》,对水禽和绒山羊的养殖、运输、屠宰、取绒及加工全过程的动物福利进行管理;又于2021年发布《农场动物福利要求　奶牛》,以科学保护动物福利为理念,规定了奶牛在养殖、运输、淘汰全过程的动物福利要求,填补了中国奶牛福利标准的空白(见表4-3)。

表4-3　关于动物福利的团体标准

标准号	标准名称	团体名称	实施日期	范　围
T/CAAA 041—2020	鹿福利	中国畜牧业协会	2020年7月1日	规定了鹿的饲养管理、圈舍、疾病防治、锯茸、运输和屠宰。本标准适用于人工饲养的梅花鹿和马鹿
T/CAI 004—2021	农场动物福利要求　奶牛	中国农业国际合作促进会	2021年9月1日	适用于奶牛在养殖、运输及淘汰全过程的动物福利管理
T/CAAA 061—2021	舍饲白羽肉鸡福利	中国畜牧业协会	2021年7月15日	舍饲白羽肉鸡养殖场、饲养管理、环境控制、生物安全与疫病控制、应急计划、人员和操作规范要求和人道处死
T/CAAA 063—2021	商品代蛋鸡福利饲养规范	中国畜牧业协会	2021年7月15日	规定了商品代笼养蛋鸡福利养殖的鸡场、饲养管理、环境控制、人员、疾病防治、生物安全、应急计划、运输和档案管理
T/CAI 003—2019	农场动物福利要求　绒山羊	中国农业国际合作促进会	2020年8月1日	适用于我国境内规模化绒山羊养殖场和绒山羊运输、屠宰及加工过程的动物福利管理,其他绒山羊养殖者可参考执行
T/CAI 001—2019	农场动物福利要求　水禽	中国农业国际合作促进会	2020年2月1日	适用于水禽的养殖、运输、屠宰、取绒及加工全过程的动物福利管理
T/CAS 242—2015	农场动物福利要求　肉用羊	中国标准化协会	2015年11月10日	适用于肉用羊的养殖、剪毛(绒)和运输、屠宰及加工过程的动物福利管理
T/CAS 267—2017	农场动物福利要求　肉鸡	中国标准化协会	2017年7月14日	适用于肉鸡的养殖、运输、屠宰全过程的动物福利管理
T/CAS 269—2017	农场动物福利要求　蛋鸡	中国标准化协会	2017年7月14日	适用于蛋鸡的养殖、运输、屠宰全过程的动物福利管理

续表

标准号	标准名称	团体名称	实施日期	范　围
T/CAS 238—2014	农场动物福利要求　肉牛	中国标准化协会	2014 年 12 月 17 日	适用于肉牛的养殖、运输、屠宰及加工全过程的动物福利管理
T/CAS 235—2014	农场动物福利要求　猪	中国标准化协会	2014 年 5 月 9 日	适用于农场动物中猪的养殖和其运输、屠宰及加工全过程的动物福利管理

资料来源：全国标准信息公共服务平台（见 http://std.samr.gov.cn/）。

在地方标准方面，涵盖了野生动物、实验动物、农场动物 3 种类型，其中农场动物福利标准占绝大多数。针对野生动物福利，四川省发布了《大熊猫检疫技术——运输大熊猫动物福利要求》来保障大熊猫在运输过程中的福利；针对实验动物，江苏省发布了《实验动物　福利伦理工作规范》来规范实验动物福利伦理工作；针对农场动物，江苏、临沂、内蒙古、湖北、山东发布了地方标准，涵盖奶牛、小尾寒羊、肉牛、肉羊、獭兔、蛋鸡、肉鸡等畜种，涉及饲养、运输、疫病防治等过程，来保障畜牧业中的动物福利（见表 4-4）。

表 4-4　关于动物福利的地方标准

标准号	标准名称	省区市	实施日期	范　围
DB51/T 1710.12—2013	大熊猫检疫技术——运输大熊猫动物福利要求	四川省	2014 年 3 月 1 日	规定了运输大熊猫动物福利要求
DB32/T 2911—2016	实验动物　福利伦理工作规范	江苏省	2016 年 4 月 10 日	规定了实验动物福利伦理工作的术语和定义、机构组成、职责等
DB32/T 1346—2009	奶牛福利饲养规程	江苏省	2009 年 5 月 28 日	规定了奶牛福利饲养过程中的要求
DB3713/T 224—2021	小尾寒羊福利养殖技术规程	临沂市	2021 年 6 月 10 日	规定了小尾寒羊福利养殖要求
DB15/T 2147—2021	肉牛福利调运操作规程	内蒙古自治区	2021 年 5 月 15 日	规定了肉牛调运过程中的福利要求

续表

标准号	标准名称	省区市	实施日期	范围
DB15/T 1435—2018	獭兔福利养殖技术规程	内蒙古自治区	2018年10月5日	规定了獭兔福利养殖过程中兔场环境、笼舍建设、投入品、养殖技术、卫生消毒、废物处理、生产记录程序和疫病防治要求
DB15/T 1436—2018	舍饲肉羊福利养殖技术规程	内蒙古自治区	2018年10月5日	规定了舍饲肉羊福利养殖的术语和定义、环境、投入品、日常管理、饲养技术、记录追溯等要求
DB42/T 962—2014	蛋鸡福利养殖技术规程	湖北省	2014年5月28日	规定了蛋鸡福利养殖过程中的要求
DB37/T 1609—2010	肉鸡福利养殖环境评价方法	山东省	2010年5月1日	本标准规定了肉鸡福利养殖的环境评价原则、评价指标体系与评价方法

资料来源：全国标准信息公共服务平台（见 http://std.samr.gov.cn/）。

在企业标准方面，2018 年，河南爱牧农业有限公司首先发布了针对本企业的饲养标准《爱牧农业北京油鸡福利养殖标准》，随着畜牧业对动物福利重视程度的提高，其他一些从业企业也陆续发布了保障农场动物福利的标准，用以规范企业内部饲养、运输、屠宰等流程的操作，涉及肉羊、奶羊、肉牛、奶牛、生猪、蛋鸡等畜种（见表 4-5）。

表 4-5　有关动物福利的企业标准

标准号	标准名称	企业名称	发布日期
Q/YZK07—2021	奶羊养殖福利规范	云南中科胚胎工程生物技术有限公司	2021年12月31日
Q/YZK06—2021	肉羊养殖福利规范	云南中科胚胎工程生物技术有限公司	2021年12月31日
Q/YZK05—2021	奶牛养殖福利规范	云南中科胚胎工程生物技术有限公司	2021年12月31日
Q/YZK04—2021	肉牛养殖福利规范	云南中科胚胎工程生物技术有限公司	2021年12月31日

续表

标准号	标准名称	企业名称	发布日期
Q/1721 CYL017—2020	奶牛福利养殖技术规程	山东银香伟业集团有限公司	2021 年 10 月 12 日
Q/HYL006—2021	泌乳奶山羊福利羊舍	内蒙古华颐乐牧业科技有限公司	2021 年 4 月 14 日
Q/HYL005—2021	奶山羊羔羊福利羊舍	内蒙古华颐乐牧业科技有限公司	2021 年 4 月 14 日
Q/130 HYNK001—2020	蛋种鸡福利饲养管理规程	华裕农业科技有限公司	2020 年 6 月 2 日
Q/AHJY JFL. 01—2019	生猪福利养殖技术标准	安徽金源农牧科技有限公司	2020 年 1 月 8 日
Q/000000 ATNM 001—2021	生态放养蛋鸡福利养殖技术规程	建始县翱特农牧有限公司	2021 年 9 月 27 日
Q/01XHKJJSGC01—2020	育肥猪生态健康福利饲养技术规程	河北新华科极兽药集团有限公司	2020 年 9 月 11 日
Q/AM 72—2018	爱牧农业北京油鸡福利养殖标准	河南爱牧农业有限公司	2018 年 9 月 13 日
Q/420122HBJL003—2021	基于环境丰富度的断奶仔猪福利饲养技术规程	湖北金林原种畜牧有限公司	2021 年 9 月 27 日

资料来源：全国标准信息公共服务平台（见 http://std.samr.gov.cn/）。

第五节　中国农场动物福利改善的关键控制点

一、基于农场动物福利评价指标赋权视角

在中国知网搜索主题“福利评价”，选择对农场动物福利评价进行研究的论文，除去其他类型动物的动物福利评价研究和动物福利评价技术推广类文章，我国关于农场动物福利评价指标的研究文献仅有 13 篇，其中真正形成农场动物福利评价体系及运用该体系进行测度的研究文献仅有 10 篇，其中有 5 篇是基于国际通用

的“5F”原则对福利评价体系进行研究，有5篇是基于国外已有的动物福利评价体系的基础上对农场动物福利评价体系进行研究。在研究方法上，大多运用了层次分析法、德尔菲法进行分析研究。

基于“5F”原则的5篇研究，其中4篇运用了层次分析法建立福利评价体系，结合德尔菲法对福利评价指标进行分析，分别构建了放牧模式下绵羊、舍饲绵羊、育肥猪、奶牛的福利评价体系，得出研究结论，对于我国规模化奶牛养殖场、放牧模式下绵羊和舍饲绵羊而言，生理福利是最基本、最重要的福利维度。饲料和饮水是影响放牧模式下绵羊和舍饲绵羊的最重要生理福利指标，异常行为是对放牧模式下绵羊影响最小的行为福利指标，性行为是对舍饲绵羊福利影响最小的行为福利指标。①②③④ 其余1篇采用实地调研和问卷调查收集信息，通过德尔菲法和模糊综合评价相结合的方法结合150家规模化奶牛养殖场实地调研数据，构建奶牛场动物福利评价体系，测度动物福利水平，并进一步研究各福利指标对奶牛养殖场经济效益的影响，得出结论：受访的规模化奶牛养殖场生理福利和环境福利的平均水平较高，卫生福利亟待提升，生理福利、环境福利、卫生福利和行为福利对规模化奶牛养殖场经济效益有积极作用。⑤

---

① 曹晓波、张玉、张燕、廉建荣、董清、张朝辉、列琼：《放牧模式下绵羊福利评价体系的构建》，《家畜生态学报》2015年第11期。

② 曹晓波、张玉、张燕：《舍饲绵羊福利评价体系的研究》，《中国畜牧杂志》2016年第1期。

③ 曹晓波：《内蒙古地区放牧模式下绵羊福利评价的研究》，内蒙古农业大学2016年硕士学位论文。

④ 姜冰：《基于国际“5F”原则的规模化养殖场奶牛福利评价指标赋权研究》，《家畜生态学报》2021年第5期。

⑤ 姜冰：《基于动物福利视角的规模化奶牛养殖场经济效应分析》，《中国畜牧杂志》2021年第1期。

基于国外已有的动物福利评价体系的5篇研究是基于对国外农场动物福利评价体系及其影响要素的分析，参考国内外动物福利相关现行标准和规范，在资料调研、专家咨询和归纳总结已有研究成果的基础上，采用问卷调查、实地试验研究等方法，通过德尔菲法、层次分析法等手段，分别构建了生猪、蛋鸡、育肥猪和通用型的福利评价体系，并用形成的评价体系对国内农场进行福利养殖评价。结果表明，疾病防控为影响饲养环节农场动物福利的最主要因素，宰前处置为影响运输和屠宰环节农场动物福利的最主要因素，饲喂福利是生长育肥猪和蛋鸡最重要的福利维度，行为福利是对育肥猪影响最小的福利维度；从对国内农场进行评价的结果来看，福利水平有待提升，绝大部分农场的福利等级都是中等和差。①②③④⑤

通过这些研究文献可以发现，我国关于农场动物福利评价体系的研究数量较少，研究方法有待丰富，研究涉及的农场动物种类局限在肉猪、蛋鸡、肉鸡、绵羊、奶牛这几种，其他农场动物的研究并未涉及，并且就现有研究来看，并未形成适应我国生态环境和人文环境条件的本土化的农场动物福利评价体系，基本处于理论研究与实践探索都有待更进一步的阶段。

---

① 孙忠超：《我国农场动物福利评价研究》，内蒙古农业大学2013年博士学位论文。

② 王强、童海兵、邵丹、施寿荣：《笼养蛋鸡福利的质量评分体系初探》，《中国家禽》2015年第12期。

③ 王强、童海兵、邵丹、施寿荣：《蛋鸡福利质量评分体系应用——蛋鸡场福利养殖质量评析》，《中国家禽》2015年第13期。

④ 薛佳俐：《生长育肥猪福利养殖评价系统的建立》，中国农业科学院2020年硕士学位论文。

⑤ 薛佳俐、杨曙明：《基于AHP法的育肥猪养殖福利水平评价指标体系构建及权重确定》，《农产品质量与安全》2022年第1期。

二、基于农场动物福利自然实验视角

国内学者从动物医学、动物营养学、动物行为学等自然科学领域，运用实地调研和动物实验等方法收集数据，对改善农场动物福利的关键指标进行了梳理，本书以国际动物福利“5F”标准对现有研究进行总结归纳。

（一）生理福利

改善畜禽生理福利关键指标的研究主要集中在饮水、饲料营养、饲喂方式3个方面。

1. 饮水

对畜禽来说，水是重要的营养物质，也是最容易被忽视的营养物质，饮水量和饮水温度能够通过影响动物的采食量、生理功能和情绪来影响畜禽的生产性能。倘若动物饮水不足，其采食量也会下降，从而影响生长发育和泌乳能力。特别是对奶牛而言，牛奶中的水分含量高达87%，如果奶牛饮水量不足，产奶量必定会下降。饮水温度在生产实践中同样重要，夏季要为动物提供凉爽水源，冬季提供温水，这样有利于动物调节体温，安抚动物情绪，增加干物质采食量，提高饲料转化率，增加产量。①②

2. 饲料营养

饲料营养均衡是保证畜禽健康成长的重要因素，在饲料中加入适量的青贮玉米等粗粮、益生菌、维生素E以及一些微量元素等营养物质，能够保证营养均衡，保证畜禽各项生理功能，保持动物健康，从而有利于动物的增重、泌乳、产蛋等生产行为。例如，在

---

① 冯小花、段洪峰、高帅：《环境对奶牛生产性能的影响》，《湖南农业》2015年第6期。

② 王广：《养殖环境对奶牛生产性能的影响》，《兽医导刊》2021年第1期。

饲料中添加益生菌制剂能够降低畜禽的料重比，改善肠道微生物区系，促进有益菌增殖，抑制有害菌生长，促进消化，提高免疫力，提高动物的生产性能。[①②③] 在日粮中按照一定比例添加适量的青贮玉米等粗粮具有提高畜禽的干物质采食量，降低料重比，促进消化代谢，降低动物皮下脂肪饱和脂肪酸含量，增加不饱和脂肪酸含量等效果，有利于提高畜禽肉质以及奶品质。[④⑤⑥]

3. 饲喂方式

精粗饲料搭配方式、饲喂频次、干湿饲喂等不同的饲喂方式能够通过影响动物肠道微生物组成、消化代谢、日采食量等方面，影响日增重和饲料转化率等指标，最终对动物的生产性能产生影响，例如，精粗饲料的搭配方式方面，通过比较先粗后精、先精后粗以及全混合日粮（TMR）3 种不同饲喂方式饲养的德州驴的各项指标，发现饲喂方式可极显著影响德州驴的平均日增重，显著影响干物质和酸性洗涤纤维消化率，并可改变盲肠微生物组成；[⑦]饲喂频次和干湿饲喂方面，在保证充足采食时间的条件下，减少饲喂频次

① 刘瑞丽、李龙、陈小莲、卢永红、徐建雄：《复合益生菌发酵饲料对肥育猪消化与生产性能的影响》，《上海农业学报》2011 年第 3 期。

② 刘凤美、张磊、黄彬：《日粮添加益生菌对肉鸡生产性能、免疫功能和肠道菌群的影响》，《中国饲料》2018 年第 24 期。

③ 刘程、何韵秋、徐宁宁、叶均安：《复合益生菌对泌乳中后期奶牛生产性能和瘤胃菌群的影响》，《中国畜牧杂志》2020 年第 4 期。

④ 张秋华、杨在宾、杨维仁、庞玉合：《饲粮粗纤维水平对育肥猪生产性能和胴体性能及肉品质的影响》，《中国畜牧杂志》2014 年第 9 期。

⑤ 赵亚星、张兴夫、宋利文、朱春侠、包健鹏、高民、敖长金、金海：《全株玉米青贮对肉羊生长性能、屠宰性能和肉品质的影响》，《动物营养学报》2020 年第 1 期。

⑥ 赵淑敏、苏莹莹、贾泽统、刘旭乐、王成章、史莹华、李德锋、李振田、朱晓艳：《燕麦干草和苜蓿干草的组合效应及其对奶牛生产性能、乳品质、血清生化指标和营养物质表观消化率的影响》，《动物营养学报》2021 年第 11 期。

⑦ 刘桂芹、格尔乐其木格、张心壮、邢敬亚、曲洪磊、王涛、苏少锋、刘明丽、赵一萍、芒来：《饲喂方式对德州驴生长性能、营养物质消化率和盲肠微生物多样性的影响》，《动物营养学报》2020 年第 2 期。

和粗饲料湿拌后饲喂有利于实验羊的消化代谢，提高试验羊的平均日增重和饲料转化效率等指标，从而能提高羊的生产性能和经济效益，空怀羊的饲喂频次以每天2—3次较为适宜；[①]动物的采食方式方面，自由采食组的鹅采食量和日增重都高于限制饲喂组的鹅[②]，人工饲喂组羔羊肠道微生物的物种丰富度显著高于随母哺乳组的羔羊，有助于羔羊的消化代谢，保证动物健康，从而提高其生产性能。[③]

（二）环境福利

改善畜禽环境福利关键指标的研究主要集中在舍饲环境（饲养空间、温湿度、空气质量、灰尘、噪声、光照、卫生条件、环境丰富度）和舍饲设备（笼舍、地板材质、风扇、栖架、卧床、垫草、妊娠圈等设备）两个方面。

1. 舍饲环境

舍饲空间方面，一方面，过小的舍饲空间会缩小动物的活动空间，造成拥挤，损伤关节、蹄部或脚垫，也会造成羽毛缺损，并且会阻碍空气流通，影响氧气供应，从而影响日增重、产仔率、产奶量等指标；另一方面，空间过小会增加动物啄咬异物的行为，造成动物情绪焦虑，从而降低动物的生产性能。[④]

---

① 刘佳：《饲喂方式对小尾寒羊行为及生产性能的影响》，西北农林科技大学2016年硕士学位论文。

② 魏宗友、王洪荣、潘晓花、喻礼怀、季昀：《饲喂方式和饲粮色氨酸水平对扬州鹅免疫功能及抗氧化指标的影响》，《动物营养学报》2012年第12期。

③ 毕研亮：《饲喂方式对新生羔羊肠道微生物菌群结构和来源的影响》，中国农业科学院2019年博士学位论文。

④ 张东龙、赵芙蓉、武晓红、喻学良、刘阿妮、庞有志：《饲养密度对蛋用鹌鹑生产性能和行为的影响》，《家畜生态学报》2019年第9期。

温湿度方面，温度过高或过低会造成动物的冷热应激行为，造成采食量下降，产量下降，湿度过高会滋生各种病原微生物及寄生虫，增加动物染病风险，温度和湿度往往共同作用，比如，高温高湿（温湿度指数大于70时）会损伤奶牛胃肠结构，引起奶牛肝脏、气管病变及直肠和皮肤温度升高，最终导致奶牛生产性能下降，严重危害奶牛的健康和产奶量，有时甚至会导致奶牛的死亡。①

空气质量方面，动物粪尿中产生的氨气、二氧化碳、一氧化碳等有毒气体，会损害动物健康，进而降低其生产性能。②

灰尘方面，笼舍内灰尘过多可能会导致发痒或躁动不安的情况，同时，灰尘也是微生物的载体、细菌病毒的携带者，可能会造成动物患病，从而会降低动物生产性能。③

噪声方面，在畜牧业生产中，噪声能导致蛋鸡卵巢发育不良、产蛋率明显下降、畸形蛋多、种蛋受精率低等问题，在貂配种期和怀孕期间及产仔时，噪声和恐吓会造成母貂受配率下降、死胎、难产及泌乳减少，噪声能导致动物采食量降低，奶牛、奶山羊等母兽的泌乳量减少，导致动物的生产性能下降，畜牧业经济效益受到损失。④

光照方面，适当的增加光照时间和光照强度，能够刺激动物分泌性激素，促进繁殖、增加产蛋量。光照颜色上，红光对于动物的

---

① 薛白、王之盛、李胜利、王立志、王祖新：《温湿度指数与奶牛生产性能的关系》，《中国畜牧兽医》2010年第3期。

② 杨润泉、方热军、杨飞云、黄金秀、刘虎、周水岳、周晓蓉、王浩：《环境温湿度和猪舍空气质量对妊娠母猪生产性能的影响》，《家畜生态学报》2016年第12期。

③ 李欣：《环境因素对奶牛生产性能的影响》，《畜牧兽医科技信息》2019年第9期。

④ 安伯玉：《浅谈噪音对畜禽的影响》，《中国畜禽种业》2018年第12期。

生产性能提升效果最好。[①]

卫生条件方面,卫生条件差的农场比卫生条件好的农场存在更多的致病微生物,会增加动物染病风险,会使动物长期处于应激状态,动物体内合成抗病、抗应激蛋白会消耗大量能量,会使动物成长速度变缓,瘦肉率下降。[②]

畜禽环境丰富度(环境富集)是指在单调的环境中,提供必要的环境刺激,促使畜禽表达出其种属内典型的行为和心理活动,从而使该畜禽的心理和生理都达到健康状态。也就是将可咀嚼、可变形、可破坏和可吸收的材料作为环境丰富物,从而产生丰富的认知、社交、运动和感官刺激,能够降低动物恐惧心理,减少动物的异常行为,并且有利于提高平均出栏重、平均日增重等指标,同时也有利于降低流产率,提高动物的繁殖性能。[③]

2. 舍饲设备

对于动物来说舒适的环境设备和休息设备,例如,笼养动物的笼舍、舍饲动物的地板材质和类型、风扇、鸡的栖架、牛的卧床、卧床垫料、猪的垫草、妊娠圈等设备,如果选择得当就能够给动物舒适的休息环境,不同程度地减少动物肢蹄以及羽毛损伤、减少异常行为和应激行为、增加采食行为、提高饲料转化率、提高动物产品质量。[④][⑤]

---

① 罗毅康、潘子意、尹福泉、安立龙、赵志辉、刘文超:《光照周期对蛋鸡生产性能影响的研究进展》,《中国家禽》2020 年第 1 期。

② 马程、张莉:《马驴养殖福利研究进展》,《家畜生态学报》2021 年第 2 期。

③ 席磊、施正香、李保明、张连弟:《环境丰富度对肉猪生产性能及胴体性状的影响》,《农业工程学报》2007 年第 8 期。

④ 尹国安、李想:《稻草型丰富环境对妊娠母猪行为及生理性状的影响》,《广东农业科学》2013 年第 19 期。

⑤ 王广:《养殖环境对奶牛生产性能的影响》,《兽医导刊》2021 年第 1 期。

（三）心理福利

改善畜禽心理福利关键指标的研究主要集中在人畜亲和、玩具和音乐 3 个方面。

1. 人畜亲和

人对家养动物的干预，离不开管理。管理能给家畜造成不同程度的应激。人畜亲和可缓和或避免由于管理产生的应激，对畜禽健康生长以及提高生产性能有积极作用。[①] 饲养人员对待动物的方式，比如驱赶方式、友好关系、关爱程度等，很大程度上对动物生长产生影响。饲养人员与动物的关系越好，动物的养殖效益相对越高。[②] 例如，确保人畜固定时间相处，增加与人的接触时间，达到人畜亲和，消除彼此敌意，做到服从管理人员的指挥，逐步适应新的养殖环境。[③] 对初胎母猪，要进行乳房按摩，擦拭身体，以促进乳房发育，同时增加人畜亲和，以利于分娩接产，不致发生惊恐，也能顺利哺乳和固定奶头。[④]

2. 玩具

玩具对动物生产性能影响的相关研究主要集中在猪这一畜种，添加玩具能够增加猪只在圈栏内行为多样性，有效减少饮水消耗和异常行为，有利于增加采食量和质量增长。对于妊娠母猪而言，添加玩具有利于缓解群养妊娠母猪的争斗打架行为，可以减轻

① 杨东冬、于浪潮、尹国安：《环境富集对猪行为、生理和生产性能表达的影响》，《现代畜牧科技》2019 年第 8 期。

② 程焕杰、王磊：《动物福利对养殖效益的影响》，《浙江农业科学》2021 年第 10 期。

③ 普布卓玛：《大通采精公牦牛的饲喂管理》，《中国畜牧兽医文摘》2018 年第 3 期。

④ 郭保剑、杨兆柱：《搞好母猪饲养与管理的四大要素》，《中国畜牧兽医文摘》2017 年第 5 期。

混群初期的皮肤损伤,减轻应激紧张情况,更容易进入静养状态,同时能够降低流产率和难产率,有效改善群养妊娠母猪行为和繁殖性能,大幅度提高母猪群生产效率。对于仔猪而言,添加玩具可以降低猪断奶后混群的争斗,减少皮肤损伤,并降低其应激水平,因而对提高猪只的生产性能具有有利影响。① 另外,对于鸡来说,增加玩具可以有效地增加肉鸡的修饰行为和觅食行为,有效地降低肉鸡的恐惧感,减少啄羽行为发生,有效地改善羽毛质量,减少步态缺陷鸡的数量。

3. 音乐

适当的音乐对动物的行为、神经内分泌、免疫功能和生产性能具有积极作用。② 对于猪而言,能够减少仔猪互相攻击的行为,缓解断奶的应激反应;对于奶牛而言,能够使奶牛的基础代谢增高,提升机体免疫性能,改善泌乳牛乳腺炎,提升奶牛的泌乳机能,从而提升奶牛泌乳量;减少应激反应;对于蛋鸡而言,不仅能降低应激反应,更能通过降低破蛋率有效提高蛋品质量;对于肉鸡而言,能够增加肉鸡的采食量和日增重。③④

(四)行为福利

改善畜禽行为福利关键指标的研究主要集中在应激和异常行

① 李永振、王朝元、黄仕伟、刘作华、王浩:《饲养密度和玩具对育肥猪生产性能、行为和生理指标的影响》,《农业工程学报》2021 年第 12 期。

② 闫红:《音乐对动物行为和生理活动的影响研究进展》,《畜牧与饲料科学》2021 年第 6 期。

③ 刘利嘉、殷容、徐文龙:《音乐对蛋鸡主要生产性能影响的观察试验》,《中国家禽》2015 年第 15 期。

④ 张峰、刘晓丹、姚昆、李想、包军、李剑虹:《不同声音刺激对艾维茵肉鸡生产性能的影响》,《中国家禽》2012 年第 3 期。

为两个方面。

1. 应激

应激方面，主要的研究集中在冷、热应激对生产性能的影响，冷、热应激会导致动物行为、繁殖、生理及生产方面均受到影响，会影响动物的呼吸频次、体温、直肠温度以及激素分泌，导致营养物质的转化利用率降低，造成新陈代谢紊乱，免疫力低下，提高患病风险，进而出现诸如生长缓慢、生产性能下降、繁殖力降低及疾病发病率和死亡率提高等相关表现。①

2. 异常行为

异常行为方面，限位母猪的咬栏、空嚼、犬坐，仔猪咬尾、咬耳，笼养蛋鸡啄羽和啄肛，早期断奶犊牛腹部互相吸吮，牛卷舌和舌舔饲槽及栅栏等这些异常行为，都会不同程度地损害动物的身体健康，例如，猪的咬尾、咬耳以及互相打斗，会使猪只受伤，如不及时治疗可引起伤口感染，这种感染可引发局部炎症和组织坏死，严重影响猪的健康与生长性能，降低胴体品质，造成不必要的经济损失。②③ 妊娠母猪的异常行为会使机体的代谢率升高，饲料转化率降低，并且损害母猪的繁殖性能。

（五）卫生福利

目前，有关改善畜禽卫生福利对生产性能影响的研究很少，仅有的一些研究主要集中在疫病防治方面。事实上，疫病防治对畜牧业增产增收至关重要，是应对常见性、多发性疾病的重要手段。

---

① 李绍钰、魏凤仙、徐彬、孙全友、李建林：《环境应激对肉鸡的影响和对策》，《动物营养学报》2014 年第 10 期。

② 李志玉、陈明生：《畜禽异常行为及产生原因》，《中国畜禽种业》2018 年第 2 期。

③ 冯文：《圈养猪异常行为的矫治》，《农家之友》2013 年第 9 期。

例如,若未提前控制好母猪产道炎症等疾病,母猪在产后可能会出现厌食、无乳、恶露不尽等问题,直接影响仔猪的正常生长和母猪的健康水平,甚至造成严重的经济损失。[①] 针对疫病发生的3个基本环节,即传染源、传播途径、易感动物,均有相应的预防措施,在疫病防控对畜禽生产性能的影响方面的研究,主要集中在消灭传染源的消毒以及针对易感动物的疫苗接种和保健预防措施上。

1. 消毒

消毒是畜禽疫病防治的一个重要措施,其目的是消灭传染源的病原体,对立体笼养肉鸡鸡舍进行消毒后,能减少鸡舍环境空气中微生物的数量,明显改善肉鸡舍内环境,增加肉鸡的体重,降低饲料转化率,增强肉鸡自身免疫力从而减少死亡率提高出栏率,提高肉鸡养殖的经济效益。不同的消毒方式效果也有所不同,例如,使用二流体喷雾消毒死淘率低于人工消毒。[②]

2. 疫苗接种

疫苗接种是预防疾病最常见、也最有效的措施,疫苗能有效降低感染带来的风险,促进畜禽生产性能的提升,增加经济效益,例如,70日龄时疫苗免疫组仔猪平均日增重显著高于对照组。[③④]

3. 保健预防

保健预防能够增强易感动物的免疫力,也是配合疫苗接种的重要措施。例如,中草药添加剂能够提高猪的猪瘟抗体阳性率,降

---

① 张佩文:《提高母猪生产性能的关键措施》,《养殖与饲料》2020年第6期。

② 孙越、张卫艺、直俊强、刘佳、张丽丽、罗一鸣:《不同消毒方式对肉鸡生产性能和舍内微生物的影响》,《家畜生态学报》2019年第11期。

③ 刘军军、丁亮、魏建忠、檀华蓉、孙裴、刘成文、张丹俊、李郁:《F株鸡毒支原体疫苗对肉鸡生产性能的影响》,《中国生物制品学杂志》2014年第1期。

④ 赵青:《猪圆环病毒疫苗对仔猪生产性能的效果评估》,《浙江农业学报》2018年第10期。

低猪只死亡率和淘汰率,显著提高了猪的抗病能力和生产性能。[①]

基于这些研究能够看出,生理福利、环境福利、心理福利、行为福利、卫生福利这五大福利既各有侧重点,又相辅相成,对动物增强免疫力、防病减病、促长增重有积极作用,因此,提高动物福利是养殖稳产创收的关键。

第六节　中国农场动物福利的经济学属性探讨

一、农场动物福利与生产者效益

目前,国内关于农场动物福利与生产者效应的研究或是依据自然实验进行论断或是定性阐述农场动物福利对生产者效益的积极作用,从经济学和管理学视角,论证农场动物福利对生产者效益的实证分析较为鲜见。

(一)自然实验论断

改善畜禽生理福利,可显著提高动物日增重以及产奶量等指标,进而对提高养殖经济效益有积极作用。研究发现,饲料营养均衡,能够显著提高养殖的经济效益。例如,在泌乳荷斯坦奶牛日粮中添加酿酒酵母 50 克/天,可显著提高奶牛产奶量和乳脂率,并使每头奶牛每天收益提高 2.46 元。[②] 合理地搭配各种饲料原料以及适量的粗饲料,可以提高肉驴在育肥期的生长速度,提高肉驴养

① 卢福庄、王志刚、付媛、石团员、华卫东、张雪娟:《中草药添加剂对猪生产性能和猪瘟疫苗免疫效果的影响》,《浙江农业学报》2011 年第 1 期。

② 高丽华:《影响奶牛生产性能及经济效益的因素》,《饲料研究》2021 年第 2 期。

殖的经济效益。[①]

改善畜禽环境福利,能够提高动物的免疫力,减少疾病,也能够减少环境应激,促进动物健康发育,提高产量,进而对提高养殖经济效益有积极作用。例如,生猪养殖环境若控制不当,将会严重降低生猪的适应能力,易造成环境应激,影响猪群的正常生长发育和生产性能的提高,给养殖户带来较大经济损失,生猪福利供给方案与猪场效益存在很大的正相关。[②③] 高环境福利的肉兔养殖模式、肉兔有更好的繁殖能力及较为充足的运动量,肉的品质更加能够满足健康生活的高标准,肉兔价格更高。[④]

改善畜禽行为福利,能够增加采食量,增加饲料转化率和日增重等指标,同时也能增强畜禽抵抗力,减少动物疾病,进而对提高养殖经济效益有积极作用。例如,动物自由表达与养殖效益极显著正相关。当动物受到应激时,其抵抗力会下降,许多病原体会入侵动物机体,导致动物患病,增加生产成本。养殖动物之间的打斗、争抢食物和休息空间,减少安全感,不利于动物的生长,也提高了生产成本。[⑤]

改善畜禽卫生福利,能够有效降低动物患病概率,既能降低医治成本,也能够提高动物存活率等指标,进而对提高养殖经济效益

---

① 杨泉、王本琢、刘梦鸽、李建军、张晨、张崇玉:《全混合日粮对冬季育肥德州驴生产性能及其消化率的研究》,《山东畜牧兽医》2021 年第 12 期。

② 黄惠华:《养殖环境对生猪的影响与对策》,《畜牧兽医科学(电子版)》2021 年第 5 期。

③ 王余良、王培余:《生猪环境福利供给与猪场效益的体会》,《畜牧兽医科技信息》2006 年第 10 期。

④ 王勇、罗维平、方震、苏富美、李登臣、徐云华:《高动物福利养殖肉兔技术意义及应用》,《畜牧兽医科学(电子版)》2021 年第 13 期。

⑤ 陈宏惠、陈静怡、陈丽燕:《动物福利与动物养殖效益的辩证关系》,《科技信息》2010 年第 31 期。

有积极作用。例如，奶牛规模化养殖的过程中出现的奶牛患病、牛犊成活率低、牛奶质量偏低等问题会影响规模化养殖场的经济效益。[①] 疫病的发生必然会影响肉牛的生长，严重情况下会造成肉牛死亡，带来经济和效率的损失。[②]

改善畜禽心理福利，能够减少动物恐惧和悲伤等情绪，对提高动物的免疫力，减少患病，增加产量有积极作用，进而对提高养殖经济效益具有积极作用。例如，人畜关系与养殖效益正相关。饲养人员对待动物的方式，比如驱赶方式、友好关系、关爱程度等，很大程度上对动物生长产生影响。饲养人员与动物的关系越好，动物的养殖效益相对越高。[③]

（二）社会科学论证

动物福利能够通过在饲养、运输、屠宰、加工过程中影响动物的生产性能，进而影响生产者的经济效益。从改善动物福利的经济机制来看，动物福利的改善将影响个体和社会效用，生产效率、政府法律以及市场激励将影响生产者动物福利水平的选择。[④] 卫生福利水平越高，规模化养殖场保证奶牛健康的能力越强，奶牛病死伤率降低，产奶量增加，对收入产生正向影响，心理福利水平越高，规模化养殖场奶牛的恐惧和悲伤的精神状态出现得越少，奶牛

---

① 胡峰、任志敏、俞荣建、黄登峰、袭讯：《中国奶牛养殖技术效率及影响因素研究》，《中国畜牧杂志》2019 年第 5 期。

② 高海秀、王明利、石自忠：《我国肉牛养殖环境效率及影响因素分析》，《中国农业资源与区划》2021 年第 1 期。

③ 程焕杰、王磊：《动物福利对养殖效益的影响》，《浙江农业科学》2021 年第 10 期。

④ 王常伟、刘禹辰：《改善农场动物福利的经济机理、民众诉求与政策建议》，《云南社会科学》2021 年第 6 期。

体机能越好,产奶量越高,对收入亦产生正向影响。①

鉴于我国相关法律规制标准相对缺失,养殖主体主动提升动物福利水平的意愿存在差异。有些养殖企业从业人员对动物福利有基本的认知,且赞同动物福利,但对动物福利养殖标准认知不足,且不愿承担过多成本来改善动物福利,有些养殖户愿意为改善生猪的动物福利增加资金投入并参与动物福利认证。②③④ 内蒙古富川福利养殖肉羊的经济效益高于传统养殖方式,经济属性显著。⑤ 但实际生产中,养殖户的个人特征、生产经营特征、政府政策环境以及公众态度等,都会影响生产者对动物福利行为的采纳度。⑥

农场动物福利水平的提升最终要落脚到微观生产者的决策与行为层面,生产者对福利行为的采纳主要出于对经济利益的追求。尽管提高动物福利可能需要增加一些投入,但提升动物福利可以提高动物的健康水平、生产性能以及畜产品质量,减少预防和治疗用药,这些方面都能增加畜禽养殖效益。但追求过高的动物福利,必然会大幅度增加设备投资,因此在养殖生产过程中找到养殖利润和动物福利之间一个适宜的平衡点,是养殖者采纳福利养殖行

① 姜冰:《基于动物福利视角的规模化奶牛养殖场经济效应分析》,《中国畜牧杂志》2021年第1期。

② 严火其、李义波、尤晓霖、张敏、葛颖:《养殖企业从业人员"动物福利"社会态度研究》,《畜牧与兽医》2013年第8期。

③ 万文龙、董秀雪、胡兵、俸艳萍、龚炎长:《湖北省畜牧业从业人员对家禽福利养殖相关问题的调查与分析》,《中国家禽》2019年第20期。

④ 季斌、张凤娟、孙世民:《养猪场户动物福利的认知、行为与意愿分析——基于山东省533家养猪场户的问卷调查》,《山东农业科学》2017年第11期。

⑤ 郑微微、沈贵银:《我国农场动物福利养殖经济效益评价——以内蒙古富川饲料科技股份有限公司为例》,《江苏农业科学》2017年第21期。

⑥ 吴林海、吕煜昕、朱淀:《生猪养殖户对环境福利的态度及其影响因素分析:江苏阜宁县的案例》,《江南大学学报(人文社会科学版)》2015年第2期。

为的关键。[①] 养殖业作为一个产业，生产者是经济人，只有改善动物福利的收益大于改善动物福利的成本时，才有动力重视动物福利，理性的生产者将由这一成本和利润的关系，作出利润最大化的决策。

二、农场动物福利与社会大众响应

（一）消费者对动物福利产品存在支付意愿

在支付意愿方面，尽管我国农场动物福利事业发展较为缓慢，但我国消费者的购买意愿目前正在发生着变化，大部分消费者对动物福利产品存在购买意愿。猪肉产品方面，我国消费者的支付意愿相较于几年前有了很大的提升，将近90%的民众表示愿意购买高福利猪肉产品，近77%的消费者愿意购买给猪高福利的零售商的猪肉产品，73.64%的民众愿意为福利友好产品支付一定的溢价，平均支付溢价为19.30%。[②][③] 有学者将动物福利纳入食品可追溯体系和质量安全体系，通过对样本数据的研究，发现消费者对动物福利的偏好和支付意愿偏低。[④] 在动物福利属性中，消费者最偏好卫生动物福利，其次为生理动物福利和环境动物福利，且消费者对各个属性的不同层次均有一定的支付意愿，多样化的动物

① 顾宪红：《如何寻找动物福利与养殖利润之间的平衡点？》，《北方牧业》2017年第20期。

② 张振玲：《新态势下农场动物福利与我国畜产品概述——从畜产品安全与品质、品牌、国际贸易和公众消费意愿等角度看》，《中国畜牧业》2018年第21期。

③ 王常伟、刘禹辰：《改善农场动物福利的经济机理、民众诉求与政策建议》，《云南社会科学》2021年第6期。

④ 王文智、武拉平：《城镇居民对猪肉的质量安全属性的支付意愿研究——基于选择实验（Choice Experiments）的分析》，《农业技术经济》2013年第11期。

福利层次会提升可追溯猪肉的整体市场份额。[①] 禽类制品方面，有学者对鸡肉和鸡蛋的质量安全属性的消费者支付意愿进行了研究，发现消费者对于动物福利属性的支付意愿偏低。[②③] 乳制品方面，大部分消费者对动物福利乳制品有较强的购买意愿，但可接受的溢价水平偏低，集中在 0—10%。[④] 有机农产品方面，消费者的购买动机中出于动物福利的动机最小，这显示了我国民众对动物福利态度的复杂性以及宣传和推广农场动物福利的必要性。[⑤]

消费者对动物福利产品支付意愿的影响因素方面，对于猪肉制品的研究显示，消费者的文化程度、收入状况、动物福利概念认知、动物福利肉质安全认知、肉质味道认知、政策诉求以及市场诉求 7 个因素对动物福利猪肉购买意愿有显著影响。其中，动物福利概念认知、政策诉求、市场诉求是直接影响因素，动物福利肉质安全认知、肉质味道认知以及收入状况是间接中间因素，文化程度是根源深层因素。[⑥] 以未去势猪肉为代表，消费者关于“是否愿意购买”和“愿意支付的额外费用”这两个决策过程，其影响因素不一致；消费者对猪肉的新鲜度、口感的重视程度以及与动物友好关系的程度显著影响消费者支付意愿；消费者对动物福利价值、环境

① 吴林海、梁朋双、陈秀娟：《融入动物福利属性的可追溯猪肉偏好与支付意愿研究》，《江苏社会科学》2020 年第 5 期。

② 王文智、刘晓阳：《消费者对鸡肉质量安全属性的偏好和支付意愿研究——基于选择的联合分析方法》，《科技与经济》2018 年第 5 期。

③ 王文智、刘晓阳：《消费者对鸡蛋质量安全属性偏好研究》，《农产品质量与安全》2019 年第 1 期。

④ 崔力航、李翠霞、包军、马翠萍、姜冰：《消费者对农场动物福利产品的支付意愿及影响因素研究——基于动物福利乳制品的视角》，《农业现代化研究》2021 年第 4 期。

⑤ 张振玲：《新态势下农场动物福利与我国畜产品概述——从畜产品安全与品质、品牌、国际贸易和公众消费意愿等角度看》，《中国畜牧业》2018 年第 21 期。

⑥ 马群、孙世民、张园园：《基于 Logit-ISM 模型的消费者动物福利猪肉购买意愿实证研究——以山东省为例》，《安徽农业科学》2019 年第 22 期。

价值重视程度和家庭月纯收入显著影响着消费者对未去势猪肉愿意支付的额外费用。[①] 对于乳制品的研究显示，行为态度、主观规范和知觉行为控制均显著影响消费者动物福利化乳制品的购买意愿，农场动物福利认知、受教育程度和家庭月收入水平对消费者动物福利乳制品的支付意愿存在显著的积极影响，立法诉求、乳制品的质量安全风险感知和质量安全关注度对消费者动物福利乳制品的支付意愿存在显著的消极影响。此外，农场动物福利认知、动物福利报道或事件关注度、年龄、饲养经历和乳制品购买频率对不同收入群体动物福利乳制品的支付意愿影响存在差异。[②③]

消费者对动物福利的经济属性的认知方面，研究表明，尽管部分消费者对动物福利的认知还不充分，但平均来看，消费者对农场动物福利经济属性存在较强的认同，并且这种认同在提供了农场动物福利与肉质关联信息后变得更为显著，比消费者对农场动物福利的情感直觉更为显著。[④]

（二）公众对农场动物福利的认知逐渐趋同

21世纪以来，虐待动物事件、动物疫病事件及食品安全事件的发生使动物保护问题再次成为社会重点关注问题，也引发了对

① 韩纪琴、张懿琳：《消费者对动物福利支付意愿影响因素的实证分析——以未去势猪肉为例》，《消费经济》2015年第1期。

② 崔璨、黄聚滔、姜冰：《消费者动物福利乳制品购买意愿影响因素研究》，《现代商业》2021年第35期。

③ 崔力航、李翠霞、包军、马翠萍、姜冰：《消费者对农场动物福利产品的支付意愿及影响因素研究——基于动物福利乳制品的视角》，《农业现代化研究》2021年第4期。

④ 王常伟、顾海英：《基于消费者层面的农场动物福利经济属性之检验：情感直觉或肉质关联?》，《管理世界》2014年第7期。

动物是否应该享有更高的福利待遇的讨论。国内公众对于动物福利的观点主要来自中华优秀传统文化当中保护动物的思想,体现在这些与动物相关事件发生后引发的思考与讨论中,一些学者开始从道德伦理角度对是否应重视动物福利进行研究,通过对中国古代优秀传统文化中的动物保护思想进行追溯,并与西方发达国家进行比较研究,结合我国发展现状,阐述推进动物福利事业的必要性,同时借鉴西方经验提出促进我国动物福利事业的发展的建议。[①]

基于推进动物福利事业的必要性及正当性,国内一些组织机构及相关学者开始针对公众的动物福利认知情况进行调查研究。已有调查普遍显示国内公众对动物福利还比较陌生,知晓程度较低、领会程度较低,但普遍比较认同动物福利应该被重视,并且已经出现了一定的立法诉求。例如,赵英杰(2012)的调查表明77.6%的人没有听说过动物福利,62.4%的人对动物福利并不了解,但75.2%的人认为应该重视动物的福利。[②] 严火其等(2013)进行了首次全国性的大范围问卷调查,结果显示只有1/3的中国公众听说过“动物福利”,但是就对工厂化养殖方式的评价、进行动物福利立法和为改进动物福利而支付较高价格的意愿来看,动物福利理念在中国有一定的民意基础。世界动物保护协会、中国兽医协会和新华公益于2016年所做的调查结果也表明,46.86%的中国民众没有听说过生猪养殖福利概念。王常伟和刘禹辰(2021)的研究表明,73.64%的民众愿意为福利友好产品支付一定的溢价,大部分民众对改善动物福利存在期待,并且愿意为之进行

① 花茜:《动物福利伦理思想研究》,南京农业大学2009年硕士学位论文。

② 赵英杰:《公众动物福利理念调研分析》,《东北林业大学学报》2012年第12期。

一定的支付。从民众诉求来看，中国动物福利政策还处于探索阶段，但民众对动物福利的改善已存在一定的诉求，59.69%的民众认为中国"有必要"或"非常有必要"出台改善动物福利的法律。但相比于公众应该关注动物福利，认为关注动物福利是养殖场的事这一观点在公众中占大多数。[①] 事实上早在2010年，搜狐网与新浪网就对是否进行动物福利立法进行过一次大规模的民意调查，有80%的网民赞成对动物福利进行立法，有75%的网民赞成对虐待动物致死的行为追究刑事责任，然而涉及如何处罚、处罚程度等具体细节时，多数人却又反对相关措施，并反映目前人的福利条件还没有跟上，关心动物是本末倒置等。[②] 说明动物福利理念在公众中的传播与推广仍然任重道远。

三、农场动物福利与国际贸易

动物福利壁垒就是指在国际贸易活动中，西方一些发达国家利用本国在文化教育、传统习俗等方面的优势或影响力，以保护动物或者以维护动物福利为由，在动物源性产品进口时，以本国制定的一系列动物保护或者维护动物福利措施的"动物福利"法案为屏障，以限制甚至阻止一些来自发展中国家的动物源性商品的进口，将动物福利与国际贸易紧密挂钩，从而达到保护本国产品和市场的目的。其产生的原因在于动物福利意识增强、贸易保护主义抬头、世界贸易组织协议中有关规则使动物福利壁垒具有合法性以及国家间动物福利水平存在差距。随着全球经济一体化的发展和

---

① 王常伟、刘禹辰：《改善农场动物福利的经济机理、民众诉求与政策建议》，《云南社会科学》2021年第6期。

② 马群：《国内公众对动物福利的认知及进程分析——对比英国动物福利发展史》，《科技和产业》2019年第1期。

贸易自由化程度的不断提高,传统的关税壁垒和非关税壁垒不断被破除,其贸易保护作用逐渐被弱化,发达国家为了维护本国产品市场,保护本国生产者利益,竭力寻求更为灵活和隐蔽的贸易保护措施。而动物福利壁垒,作为新出现的国际贸易壁垒形式,具有合理、合法、操作简便等特点,在这种历史和现实背景下,欧盟、美国等高动物福利国家和地区利用自身动物福利优势,把动物福利要求和标准与国际贸易紧密挂钩,广泛建立了涉外贸易动物的福利保护法律制度。

目前,我国学者对动物福利壁垒问题主要有两种观点:我国主流观点认为,发达成员利用动物福利标准限制来自发展中成员的动物制品,违背世界贸易组织宗旨,严重扭曲正常贸易,应坚决谴责这种做法;另一种观点则强调动物福利壁垒的主要目的在于关心和爱护动物、保护自然资源以及维护人类健康,并不一定是蓄意设置的贸易障碍。动物福利壁垒的出现也可视为改革国内立法、提升社会道德观念的良机。

动物福利壁垒对我国国际贸易的影响,从整体上来说,一是由于抬高了国际贸易的市场准入门槛而导致出口受限,一些发达国家对动物从出生、养殖、运输到屠宰加工过程都制定了一系列具体、严格的标准,发展中国家要想向其出口动物源性产品就必须符合这些动物福利标准。二是动物福利壁垒将削弱动物源性产品的市场竞争力,增加了养殖成本、人力成本、运输成本和加工成本,使出口企业产品因成本的增加而失去价格优势,这样无形中影响其国际竞争力,因而影响到我国肉、蛋、奶等动物食品以及皮毛制品的出口,并波及水产、中药、餐饮等其他相关行业。

基于市场准入限制、产业竞争力影响和贸易抑制影响等方面,动物福利壁垒对我国出口贸易的影响越来越明显，以产业保护为目的的动物福利壁垒会降低一国的福利水平，以消费者保护为目的的动物福利壁垒在选择合适标准的情况下会提高一国的福利水平，要想使本国的福利总水平提高，必须对所实施的动物福利壁垒标准作出合适的选择。①

我国一定要重视农场动物福利，政府、行业协会和企业应该通力合作，采取相应措施，降低和避免其给我国畜牧产品出口带来的不利影响：一是要加快农场动物福利立法，立法可从源头上保障动物性食品安全，保障我国畜产品及相关产品出口贸易的顺利进行；二是切实提高我国动物福利保障水平；三是加快动物福利标准的制定；四是尽快建立健全动物福利壁垒预警机制；五是提高公众对动物福利保护的参与意识；六是注重多种政策工具的综合运用；七是实行福利标签制度；八是积极开拓新市场，实行差别市场出口策略。②③④⑤

动物福利评价方面，当前并未形成适应我国农场动物的福利评价体系，理论研究与实践探索都有待更进一步；在改善动物福利的影响方面，通过自然实验证实"五大福利"的相关指标对于提高农场动物的生产性能、提高生产者效益具有积极作用；大众响应方面：一是公众认知方面，公众对于动物福利的知晓程度、了解程度

---

① 陈松洲、翁泽群：《国际贸易中的动物福利问题研究及我国的对策》，《当代经济管理》2009 年第 3 期。

② 马跃：《国际贸易中的动物福利壁垒浅析》，《北方经贸》2011 年第 11 期。

③ 张振玲：《新态势下农场动物福利与我国畜产品概述——从畜产品安全与品质、品牌、国际贸易和公众消费意愿等角度看》，《中国畜牧业》2018 年第 21 期。

④ 郭挺伟、元永平：《动物福利壁垒对我国动物产品出口的影响及对策》，《中国动物检疫》2012 年第 10 期。

⑤ 周宁馨、苏毅清、钱成济、王志刚：《欧盟动物福利政策的发展及对我国的启示》，《中国食物与营养》2014 年第 8 期。

较低；二是国内对于动物福利的态度方面，学者们一致认为推进动物福利事业具有各方面的必要性和正当性，而我国普通公众对于动物福利的态度则较为模糊，存在分歧，大部分人认为应该重视动物福利，也存在一部分公众持反对意见或漠不关心，在实际执行时却有大部分公众因各种原因持反对意见；在支付意愿方面，尽管我国对农场动物福利的认知还不充分，但我国消费者的购买意愿目前正在发生着变化，大部分消费者对动物福利产品存在购买意愿，并且对农场动物福利的经济属性存在较强的认同；国际贸易方面，很多欧美国家滥用动物福利形成贸易壁垒，在很大程度上是贸易保护主义的表现，动物福利壁垒严重地影响了我国畜牧产品的国际贸易，削弱了我国动物产品的国际竞争力，立法与政策响应势在必行。

第五章　中国农场动物福利评估

第一节　中国农场动物福利评价体系构建

中国关于农场动物福利的研究始于 20 世纪 90 年代，尚未形成完整的理论体系，在农场动物福利立法、农场动物福利标准体系建设方面相对滞后，制约了农场动物福利评价工作的开展。目前，关于农场动物福利评价的文章较为鲜见，现有研究文献主要集中在生猪、肉鸡和绵羊 3 类畜种，以欧盟"福利质量"计划已有指标体系和测度方法，或是以"5F"原则构建指标体系并结合层次分析法测度福利水平。①②

一、蛋鸡福利评价体系

王强和童海兵(2018)认为制约蛋鸡生产需求福利的因素有饲养模式、饲养笼类型、饲养密度、喂饲空间、沙浴及沙浴材料、冷热应激、富集设施和有害气体及粉尘等。③ 对于蛋鸡个体福利质

① 曹晓波、张玉:《放牧模式下绵羊福利评价体系的构建》,《家畜生态学报》2015 年第 11 期。

② 孙忠超:《我国农场动物福利评价研究》,内蒙古农业大学 2013 年博士学位论文。

③ 王强、童海兵:《蛋鸡养殖福利的影响因素与评价方法研究进展》,《中国家禽》2018 年第 10 期。

量，断喙、强制换羽、啄癖、骨折、恐惧应激、足垫炎和疫病等因素会产生影响。针对以上影响因素，王强等（2015）建立了一套以生产为基础的笼养蛋鸡福利质量评分体系。该体系基于动物福利的基本原则，参考欧盟实行的《家禽福利质量评估规程》（*Welfare Quality Assessment Protocol for Poultry*）和国内提出的《家禽养殖福利评价技术》，结合我国国情，从养殖规模、饲养环境、养殖模式及蛋鸡自身健康等方面评价蛋鸡福利情况。[①] 依据可行性和实用性原则，通过蛋鸡场整体情况、饲喂情况、鸡舍状况、健康状况和适宜行为5个方面的各个细分指标设定评价指标及指标等级得分，更好地监管蛋鸡生产，提升蛋鸡动物福利水平。该评价体系将评价分为鸡场整体情况与蛋鸡福利指标两部分，选取有效评价数量范围内各评价指标的样本，依照各细分指标进行等级评分，将鸡场选址、鸡舍类型和消毒、防疫布局等方面作为评价蛋鸡场整体评分的主要指标，合计10分（见表5-1），对蛋鸡福利指标从料槽空间、饮水点数、热舒适、活动舒适、环境质量、损伤情况、疾病状况、管理损伤、行为表达和与人关系10个小类4个大类进行评价，合计90分（见表5-2）。该体系评价结合固定因素与浮动性管理因素，再根据权重及计算公式进行总指标得分计算及汇总，得到鸡场动物福利总体得分，根据总分结果范围判定动物福利养殖等级（见表5-3）。

根据上述蛋鸡福利质量评分体系，王强、童海兵等对江苏省传统阶梯笼饲养和大笼位层叠笼饲养的4家蛋鸡场进行福利养殖质量评析。[②] 评价结果表明，从总得分来看，蛋鸡场福利质量得分差

① 王强、童海兵、邵丹、施寿荣：《笼养蛋鸡福利的质量评分体系初探》，《中国家禽》2015年第12期。

② 王强、童海兵、邵丹、施寿荣：《蛋鸡福利质量评分体系应用——蛋鸡场福利养殖质量评析》，《中国家禽》2015年第13期。

异主要体现在浮动性管理因素。从评分体系的两个部分看，制约蛋鸡场整体得分的主要影响指标有消毒、防疫布局及其设施的有效使用等，制约蛋鸡福利指标的主要因素有鸡舍建筑结构、健康状况和适宜行为，蛋鸡的单位笼位饲养数和鸡舍环境调控设备的运行主要影响鸡舍状况指标评价，管理损伤造成的断喙异常主要造成健康状况评分差异，蛋鸡笼饲方式对蛋鸡的激进行为以及环境刺激影响较大，进而影响蛋鸡适宜行为。基于评价结果可知，提升蛋鸡福利质量的主要渠道是提高饲养管理水平，在建筑布局、饲养品种和设施性能等方面综合提升的同时，科学、合理、高效地进行饲养管理。

表 5-1　鸡场整体指标的权重及评价指标

福利原则	权重	福利情况	权重	福利指标
选址	0.3	其他畜禽场干扰及居民区偏离情况	0.4	1. 距离生活饮用水源地；2. 居民区；3. 其他畜禽场及屠宰加工场、交易所。距离≥500米。均满足得10分，缺1项减3分
		地理情况	0.4	1. 地势干燥；2. 通风良好；3. 远离噪声。均满足得10分，缺1项减3分
		交通情况	0.2	1. 交通便利，得10分，没有得0分
鸡舍	0.3	鸡舍类型	0.1	1. 全封闭式，得10分；2. 半封闭式，得7分；3. 开放式，得3分；4. 简易式，得1分
消毒与防疫	0.4	消毒设施	0.5	1. 场区门口有消毒池，并有效使用；2. 有更衣消毒室和消毒设备，并有效使用。均满足得10分，缺1项减3分
		防疫隔离设施或措施	0.5	1. 场区四周有围墙，防疫标志明显；2. 场区内办公区、生活区、生产区、粪污处理区分开；3. 净道、污道严格分开；有净道、污道但没有完全分开或不区分净道和污道者，得0分；4. 鸡舍有防鼠防鸟等设施设备。均满足得10分，缺失或存在分隔不完全或存在交叉的减3分

表 5-2　蛋鸡福利指标的权重及评价指标

福利原则	权重	福利情况	权重	福利指标
饲喂状况	0.2	无持续饥饿	0.50	单位料槽空间
		无持续缺水	0.50	单位饮水空间
鸡舍状况	0.3	热舒适	0.30	喘息
		活动舒适	0.35	饲养密度
		环境质量	0.35	粉尘浓度、氨气浓度、二氧化碳浓度、硫化氢浓度、温度值、湿度值、瞬时风速值
健康状况	0.3	损伤状况	0.40	龙骨异常、皮肤损伤、足垫炎
		疾病状况	0.40	嗉囊增大、眼疾、呼吸道感染
		管理导致的伤害	0.20	断喙异常
适宜行为	0.2	行为表达	0.50	激进行为、羽毛完整率、鸡冠啄伤
		与人关系	0.50	极限距离逃避率、新奇物体测试

表 5-3　体系评分判定结果

体系评分结果范围		福利养殖等级	评定说明
鸡场整体得分指数	蛋鸡福利指标得分		
≥8	≥60	极好	符合当前国际蛋鸡福利养殖规范，能够提供给蛋鸡较高的福利待遇
	50—60	良好	鸡场整体建设硬件设施配置较高，但软件管理方面规范性、科学性管理实施不足，鸡场能够提供满足大部分蛋鸡一定水平的福利待遇
	≤50	较差	鸡场整体建设硬件设施配置较高，但软件管理方面严重缺乏规范性、科学性管理措施，鸡场能够提供给蛋鸡的福利待遇较差，急需改进
8—6	≥60	良好	鸡场基础设施未完全满足评定条件或存在部分不足，但浮动性饲养管理实施规范性、科学性较强，基于该鸡场基础条件下，能够提供给蛋鸡较高的福利待遇
	50—60	中等	鸡场基础设施未完全满足评定条件或存在部分不足，但浮动性饲养管理实施规范性、科学性不足，能够提供给蛋鸡一般的福利待遇
	≤50	差	鸡场基础设施未完全满足评定条件或存在部分不足，但浮动性饲养管理实施缺乏严重的规范性、科学性，提供给蛋鸡较低下的福利待遇

续表

体系评分结果范围		福利养殖等级	评定说明
鸡场整体得分指数	蛋鸡福利指标得分		
≤6	≥60	中等	鸡场整体建设硬件设施配置较低,但软件管理方面规范性、科学性管理实施较强,在较低的鸡场硬件设施下,鸡场能够提供满足大部分蛋鸡一定水平的福利待遇
	50—60	差	鸡场整体建设硬件设施配置较低,且浮动性饲养管理实施的规范性、科学性存在不足,仅能够提供给蛋鸡一般的福利待遇
	≤50	极差	蛋鸡的福利待遇基本没有得到体现

注:鸡场整体指标得分低于6分,多为规模较小的农民养殖户,因其饲养管理变更性较大,且存在不连续的养殖活动,因此,管理规范性、科学性较差,得分低。

尼德(Need)等通过对蛋鸡羽毛状况、沙浴、体外寄生虫、垫料、骨骼强度、栖架利用、动物需求、舍内微生物含量、蛋品质、骨骼断裂及恐惧行为等指标对福利指标的影响程度进行研究,确定养殖福利评价指标体系及指标评价方法,依据层次分析法进行指标体系的建立,依靠德尔菲法对评价体系中的原则层和标准层进行打分,建立比较判断矩阵,运算出各层与目标层不同指标的相对优劣排序权值,通过排序分值计算每个指标的分值从而确定评价对象的总评分。希姆穆拉(Shimmura)等提出一个在蛋鸡饲养体系中科学评估利弊的福利模型。该模型基于蛋鸡的养殖系统进行福利影响指标的评估,笼养系统在免于伤害、疼痛和疾病的自由以及免于不适的感觉方面得分较高,而在非笼养系统中,自然行为和免于恐惧痛苦的感觉更为安全。同时,将该模型与以环境为基础的动物需求指数(ANI)、以理科为基础的FOWEL模型和以动物为基础的评价方法进行比较,发现在总得分之间存在显著的正相关,表明这些评估方法均可以对蛋鸡整体福利这一指标相互评价,但在评价过程中,该模型的评价结果更具有效性、准确性及应用价值。

二、绵羊福利评价体系

曹晓波等(2016)基于系统性原则、科学性原则、易操作性原则、整体性和层次性原则、针对性和独立性原则以及定性与定量相结合六大基本原则和国际"5F"原则构建"生理福利—环境福利—卫生福利—心理福利—行为福利"绵羊福利评价体系。该体系依据德尔菲法筛选舍饲绵羊福利评价指标,并对其进行排序,采用层次分析法,按照绵羊的属性和关系建立目标层、原则层和指标层评价的递进3层次体系模型,对各层元素相互比较构建比较判断矩阵,通过MATLAB软件进行计算,确定指标权重,同时讨论原则层对目标层、指标层对原则层以及指标层对目标层的权重值,进而得出绵羊福利水平,找出影响福利水平的障碍因素,改善绵羊生活水平,实现动物福利与经济效益双赢。基于此福利评价体系,针对舍饲绵羊与放牧绵羊的不同属性与生活环境,学者通过德尔菲法确定不同指标层与测定因子,提出舍饲绵羊福利评价体系(见表5-4)和放牧绵羊福利评价体系(见表5-5)。在舍饲绵羊福利评价体系里,生理福利所占权重最大(0.3803),饲料和饮水对绵羊生理福利指标影响最大;行为福利所占权重最小(0.1072),性行为对绵羊行为福利指标影响最小。[①] 在放牧绵羊福利评价体系里,生理福利所占权重最大(43.8%),饲料和饮水对绵羊生理福利指标影响最大;行为福利所占权重最小(8.76%),异常行为对绵羊行为福利指标影响最小。[②] 由此可知,在绵羊福利评价中,满足绵羊饮水与进食的生理福利是保证其他福利的基本要求,

① 曹晓波、张玉、张燕:《舍饲绵羊福利评价体系的研究》,《中国畜牧杂志》2016年第1期。

② 曹晓波、张玉、张燕、廉建荣、董清、张朝辉、列琼:《放牧模式下绵羊福利评价体系的构建》,《家畜生态学报》2015年第11期。

也是最重要的影响因素，在舍饲模式下，绵羊行为时间受限，加之养殖者为了生产需要会采取公羊去势、公母分离和人工授精等方式限制绵羊的性行为，使绵羊性行为时间分配比重低，成为影响舍饲绵羊的最小福利指标；在放牧模式下，人为干扰较低，绵羊行为自由，对福利水平影响低，异常行为发生频率低，重要程度较低。

依照放牧绵羊福利评价体系模型，曹晓波等（2016）针对内蒙古不同地区的4家绵羊养殖企业制定福利评分表进行实地评估。[①] 综合4家企业得分情况及福利水平现状，得出改善放牧绵羊动物福利的具体措施，通过饮水设备数量与质量的提高可以改善生理福利；通过增加采暖、保持照明设备与休息区距离和避免地面及垫料过硬过潮改进环境福利；通过定期监测检疫、合理使用兽药以及及时清理粪污垃圾改进卫生福利；通过羊群公母比例适宜、避免伤害性手术术后感染、禁止放牧人员大声呵斥和抽打绵羊等方式改进心理福利；放牧模式下绵羊活动范围广，行动自由，行为福利需求无须改善。

表5-4　舍饲绵羊福利评价体系模型

目标层	原则层	指标层	测定因子
舍饲绵羊福利评价	生理福利	饲料	饲料充足度、营养均衡度、适口性、虫蛀和霉变、形态和硬度
		饮水	饮水量、清洁度
		采食方式	自由采食
		设备	水槽和料槽

① 曹晓波：《内蒙古地区放牧模式下绵羊福利评价的研究》，内蒙古农业大学2016年硕士学位论文。

续表

目标层	原则层	指标层	测定因子
舍饲绵羊福利评价	环境福利	温度	降温、取暖
		湿度	湿度
		风	通风量
		饲养密度	饲养密度
		光照	时间、强度
		噪声	噪声
		空气	有害气体、微生物
		地板	舒适性、垫料
	卫生福利	疾病诊疗	伤病治疗、病老处理、发病率、死亡率、兽药使用
		疾病预防	免疫接种、日常监测、检疫、驱虫
		畜舍净化	粪尿处理、生活垃圾、消毒、场区美化
	心理福利	饲养	群养、单养
		种内交流	母子交流、同性交流、异性交流
		人畜关系	关隘程度、驱赶方式
		伤害性手术	去势、断尾、戴耳标
	行为福利	采食行为	摄食和饮水
		排泄行为	排便和排尿
		休息行为	睡眠
		争斗行为	进攻、防御、躲避
		性行为	发情、求偶、交配
		活动	玩耍、游走、探究
		异常行为	恶癖、刻板
		后效行为	学习记忆

表 5-5　放牧绵羊福利评价体系模型

目标层	原则层	指标层	测定因子
放牧绵羊福利评价	生理福利	饲料	饲料充足度、营养均衡度、适口性
		饮水	饮水量、清洁度
		采食方式	自由采食
放牧绵羊福利评价	环境福利	温度	遮阳、取暖
		湿度	降水量
		风	风速
		海拔	海拔
		光照	日照长短、光照强度
		噪声	噪声
		空气	有害气体、粉尘
		土壤	污染土壤、极端土壤、牧场载畜力、牧场地形
	卫生福利	疾病诊疗	伤病治疗、病老处理、发病率、死亡率、兽药使用
		疾病预防	免疫接种、日常监测、定期检疫、驱虫
		卫生净化	粪尿处理、生活垃圾、消毒、牧场美化
	心理福利	种群饲养	群养、公母比例
		种内交流	母子交流、同性交流、异性交流
		人畜关系	关爱程度、驱赶方式
		种间关系	捕食、种间竞争、中性现象
	行为福利	伤害性手术	去势、断尾、戴耳标
		采食行为	摄食和饮水
		排泄行为	排便和排尿
		休息行为	睡眠
		争斗行为	进攻、防御、躲避
		性行为	发情、求偶、交配
		活动	玩耍、游走、探究
		异常行为	恶癖、刻板
		后效行为	学习记忆

三、育肥猪福利评价体系

薛佳俐和杨曙明(2022)参考中国标准化协会发布的团体标准 T/CAS235—2014《农场动物福利要求 猪》,以及《欧盟动物福利评估书》的相关要求,结合育肥猪养殖过程的实际条件、生活习惯和天性表达,依照动物福利的"3R"原则(替代、减少、优化)构建育肥猪福利养殖评价标准。该体系借鉴德尔菲法筛选福利评价指标,通过匿名反馈方式进行问卷调查,对结果进行统计分析,结合系统性原则、典型性原则、动态性原则、简明科学性原则、可比可操作可量化性原则和综合性原则,确定从育肥猪饲喂情况、养殖环境、生理状况和行为表现 4 个方面进行评价。[①] 在判断指标权重时,采用层次分析法,确定育肥猪福利评价标准体系为目标层,育肥猪的 4 个福利评价指标为标准层,决策对象为指标层制定结构层次表,构建比较判断矩阵,判定指标权重,进而分别对 4 个标准层下属的若干指标层进行权重分析,得出育肥猪福利养殖评价表(见表 5-6)。将得分情况结合《欧盟动物福利评估书》,将各项福利标准 80 分以上以及综合福利评分 85 分以上评价为等级 AAAAA 级的猪场;将各项福利标准 75 分以上以及综合福利评分 80 分以上评价为等级 AAAA 级的猪场;将各项福利标准 70 分以上以及综合福利评分 75 分以上评价为等级 AAA 级的猪场;将各项福利标准 65 分以上以及综合福利评分 70 分以上评价为等级 AA 级的猪场;将各项福利标准 60 分以上以及综合福利评分 65 分以上评价为等级 A 级的猪场;将各项福利标准 60 分以下以及综合福利评分 65 分以下评价为等级 B 级的猪场。

① 薛佳俐、杨曙明:《基于 AHP 法的育肥猪养殖福利水平评价指标体系构建及权重确定》,《农产品质量与安全》2022 年第 1 期。

该体系表明，对育肥猪福利水平影响因素由大到小依次是饲喂情况（37.29%）、生理状况（27.30%）、养殖环境（21.26%）、行为表现（14.15%）。在养殖育肥猪过程中，饲料配比及用量、饮水供给和兽药使用情况等喂饲情况对育肥猪福利水平影响较大，猪舍内气体浓度及风速在环境标准下对育肥猪福利水平影响较大，育肥猪的躯体损伤在生理标准下对育肥猪福利水平影响较大，育肥猪的舒适行为、社交行为和异常行为等行为质量在行为表现标准下对育肥猪福利水平影响较大。①

表 5-6　育肥猪福利养殖评价表

评价标准	评价指标	指标层		标准层		总分$S_{总}$
		权重 p（%）	得分 s	权重 P（%）	得分 S	
饲喂情况	厂址的选择及饲喂设施	9.52		37.29		
	地面垫料的成分、板条及狭缝的宽度	14.28				
	饲养密度	23.81				
	玩具、蹭痒器、音乐的有无	4.76				
	饲料配比及用量	19.05				
	饮水量及水质	14.29				
	兽药使用情况	14.29				
养殖环境	温度	17.19		21.26		
	湿度	14.46				
	光照时间及光照强度	10.51				
	噪声强度	21.69				
	气体浓度及风速	36.15				
生理状况	体重	14.12		27.30		
	体温、心率、呼吸频率	17.12				
	躯体损伤情况	48.50				
	激素水平	20.26				

① 李颀、王丹聪：《基于多传感器的猪只行为辨识》，《黑龙江畜牧兽医》2018 年第 9 期。

续表

评价标准	评价指标	指标层		标准层		总分$S_{总}$
		权重p(%)	得分s	权重P(%)	得分S	
行为表现	社会行为和探索行为	16.34		14.15		
	人畜关系	29.70				
	行为质量	53.96				

四、农场动物福利评价指标体系

孙忠超(2013)基于国外农场动物福利评价体系的研究及其影响要素的分析,归纳现有资料与研究成果,采用层次分析法建立评价指标体系,分为农场动物福利评价研究的预定目标与理想结果(目标层),目标层的主要影响因素(原则层),依据原则层的具体分类(标准层),评价标准层每个因素的具体指标(指标层)4个层次。[①] 利用德尔菲法对原则层和标准层打分,建立比较判断矩阵,通过MATLAB软件计算比较矩阵,得出各层指标与目标层相对优劣的排序权值,进而计算每个评价指标的权值,制定百分制福利评价表在养殖场和屠宰场进行实地评价,最终根据评定结果将农场动物福利分为优、良、中等、差4个福利等级。该体系将农场动物福利评价指标体系分为饲养阶段农场动物福利评价体系以及运输和屠宰环节的农场动物福利评价体系,两部分4个评价指标体系,均由4个层级构成。其中,饲养环节的农场动物福利评价将猪、牛、鸡的饲养阶段福利评价融合在1张评价表,采用16个标准进行评价,构建以饲喂、畜舍环境、疾病防控、行为和人畜关系5个要素为主的饲养阶段农场动物福利评价指标体系,在5项评价原则权重计算中,疾病防控占比最大,人畜关系占比最小。运输和屠宰

① 孙忠超:《我国农场动物福利评价研究》,内蒙古农业大学2013年博士学位论文。

环节不同畜种的生理特点与屠宰流程不同，该部分动物福利评价体系采用10个标准，以宰前处置、击晕和刺杀放血3个要素为主，根据猪、牛、鸡不同特点分别设置3份运输与屠宰福利评价表，在3项评价原则权重计算中，宰前处置占比最大，刺杀放血占比最小。本书主要以饲养阶段农场动物福利评价体系研究为主（见表5–7）。

基于该农场动物福利指标体系，孙忠超等构建相应百分制评价表对10家养殖企业以及10家屠宰企业进行福利评价。在饲养阶段动物福利评价中，养殖企业普遍得分较低，无评价等级为优、良的养殖企业，在评价得分中，行为原则所有企业评价均为较差，说明动物行为在我国养殖企业中重视程度不足。在运输与屠宰阶段动物福利评价中，屠宰企业得分普遍位于中等水平，其中有1家屠宰企业福利评价等级为优，4家屠宰企业福利评价等级为良，在评价得分中，宰前运输评价得分最低，动物福利问题相对较大。

表5–7　饲养阶段农场动物福利评价表

评分环节	评分内容	评分要求	选项		得分
饲喂	饲草料质量	是否存在异物	是（0分）	否（2分）	
		是否霉变或虫蛀	是（0分）	否（2分）	
		是否过硬	是（0分）	否（2分）	
	清洁饮水	是否为自来水或流动地下水	是（3分）	否（0分）	
		槽式饮水是否每天更换	是（2分）	否（0分）	
		是否有饮水器、饮水器数量是否满足	有饮水器，数量满足（4分）		
			有饮水器，数量不满足（2分）		
			没有饮水器（0分）		
		是否出现流速过慢或过快现象	是（0分）	否（2分）	
	饲喂设备	料槽是否清洁	是（2分）	否（0分）	
		饮水器是否清洁	是（2分）	否（0分）	

续表

评分环节	评分内容	评分要求	选项		得分
畜舍环境	物理环境	是否具备加热设备、降温设备、增湿设备、暖气、锅炉、红外线灯、风扇、喷雾	加热设备	是(2分) 否(0分)	
			降温设备	是(2分) 否(0分)	
			增湿设备	是(2分) 否(0分)	
		是否具备通风设备	是(2分)	否(0分)	
		光照是否充足	是(2分)	否(0分)	
		是否有噪声	是(0分)	否(2分)	
	畜舍设施	是否为舍饲	是(0分)	否(2分)	
		鸡笼排放形式	全阶梯式(4分)		
			半阶梯式(3分)		
			全层叠式(0分)		
		猪舍地板	半漏缝地板(4分)		
			全漏缝地板(3分)		
			全水泥地板(0分)		
		牛饲养方式	放牧系统(4分)		
			半舍饲系统(3分)		
			全舍饲系统(0分)		
		是否可以站立、转身	是(2分)	否(0分)	
		是否出现卡脚现象	是(0分)	否(2分)	
		是否铺垫料	是(2分)	否(0分)	
疾病防控	防疫配套设施	是否配备专业的兽医室及常用兽医器具	是(2分)	否(0分)	
		是否配备病死畜禽无害化处理室	是(2分)	否(0分)	
		是否配备防疫沟、隔离带或绿化带	是(2分)	否〔0分)	
		是否配备隔离设施	是(2分)	否(0分)	
		是否配备消毒池、消毒间	是(2分)	否(0分)	
	兽医人员	兽医是否取得执业资格认证或大专以上学历	是(2分)	否(0分)	
		是否滥用兽药	是(0分)	否(1分)	
		是否实施免疫接种计划	是(1分)	否(0分)	
		是否制定防疫制度	是(1分)	否(0分)	

续表

<table>
<tr><th>评分环节</th><th>评分内容</th><th>评分要求</th><th colspan="2">选项</th><th>得分</th></tr>
<tr><td rowspan="11">疾病防控</td><td rowspan="8">外科手术操作</td><td rowspan="2">是否出现猪的去势和断尾操作</td><td>是(0分)</td><td>否(1分)</td><td></td></tr>
<tr><td>是(0分)</td><td>否(1分)</td><td></td></tr>
<tr><td rowspan="3">是否出现鸡的断喙、限饲和强制换羽操作</td><td>是(0分)</td><td>否(1分)</td><td></td></tr>
<tr><td>是(0分)</td><td>否(1分)</td><td></td></tr>
<tr><td>是(0分)</td><td>否(1分)</td><td></td></tr>
<tr><td rowspan="2">是否出现牛的去角和断尾操作</td><td>是(0分)</td><td>否(1分)</td><td></td></tr>
<tr><td>是(0分)</td><td>否(1分)</td><td></td></tr>
<tr><td>以上操作是否使用麻醉剂或止痛剂</td><td>是(2分)</td><td>否(0分)</td><td></td></tr>
<tr><td rowspan="3">疾病诊疗</td><td>疾病类型:一类疫病,终止评价,得0分;二类疫病,采取扑灭措施,得3分,反之得0分;三类疫病,采取净化措施得3分,反之得0分</td><td>是(4分)</td><td>否(0分)</td><td></td></tr>
<tr><td>发病率是否超过同期水平</td><td>是(0分)</td><td>否(3分)</td><td></td></tr>
<tr><td>死亡率是否超过同期水平</td><td>是(0分)</td><td>否(3分)</td><td></td></tr>
<tr><td rowspan="7">行为</td><td rowspan="2">异常行为</td><td>是否出现群体性恶癖
猪:咬尾、咬耳、咬栏圈、咀嚼饮水器
鸡:啄羽、啄肛
奶牛:食用异物</td><td>是(0分)</td><td>否(2分)</td><td></td></tr>
<tr><td>是否出现刻板行为</td><td>是(0分)</td><td>否(2分)</td><td></td></tr>
<tr><td rowspan="3">天性表达</td><td>是否提供运动场地</td><td>是(2分)</td><td>否(0分)</td><td></td></tr>
<tr><td>是否散养</td><td>是(2分)</td><td>否(0分)</td><td></td></tr>
<tr><td>是否提供群居伙伴</td><td>是(2分)</td><td>否(0分)</td><td></td></tr>
<tr><td rowspan="2">应激行为</td><td>是否出现防御性行为</td><td>是(0分)</td><td>否(1分)</td><td></td></tr>
<tr><td>是否出现自我治疗行为</td><td>是(0分)</td><td>否(1分)</td><td></td></tr>
<tr><td rowspan="4">人畜关系</td><td rowspan="2">人畜互动</td><td>是否暴力驱赶动物</td><td>是(0分)</td><td>否(2分)</td><td></td></tr>
<tr><td>人畜是否容易亲近</td><td>是(2分)</td><td>否(0分)</td><td></td></tr>
<tr><td>精神状态</td><td>是否惊恐、焦躁、抑郁</td><td>是(0分)</td><td>否(2分)</td><td></td></tr>
<tr><td>兽医态度</td><td>是否关爱动物</td><td>是(2分)</td><td>否(0分)</td><td></td></tr>
<tr><td rowspan="2">得分等级</td><td>分数 < 60分</td><td>60 分≤分数<75 分</td><td>75 分≤分数<85 分</td><td>85 分≤分数≤100 分</td><td></td></tr>
<tr><td colspan="5">备注:</td></tr>
<tr><td>评价</td><td>差</td><td>中</td><td>良</td><td>优</td><td></td></tr>
</table>

第二节　规模化奶牛养殖场动物福利水平测度

中国畜禽资源丰富,奶牛养殖业作为农业现代化的标志性产业,当前正处于向数字化、信息化和现代化发展的转型升级阶段,改善奶牛福利进而促进奶牛养殖业高质量发展已成为政府、企业和学术界的共识。现有关于农场动物福利水平测度的国内研究多以鸡和猪为具体研究对象,而关于奶牛福利水平测度的研究几乎未见。因此,本书选择奶牛养殖业为研究对象,开展动物福利水平测度的相关研究。

奶牛福利是与生产效益、奶牛健康密切相关的概念,奶牛福利下降引致的奶牛生产效率的降低将直接制约奶牛养殖业的效益,而奶牛福利的改善对奶牛养殖环境、原料乳增产提质和养殖场增收等经济要素均产生积极影响,奶牛福利已成为保障原料乳质量安全和养殖场持续获得理想预期收益的重要影响因素,是奶牛养殖业可持续发展所必须考虑的重要课题。[①②] 保护动物福利已在西方国家达成了共识,世界动物卫生组织、世界贸易组织、联合国粮食及农业组织和国际标准化组织(ISO)也把动物福利作为产品质量品控管理的重要内容。[③] 目前,我国奶牛养殖业规模化、集约化和标准化的程度不断提升。面对国内外严峻的市场趋势和产业

① 顾宪红:《动物福利和畜禽健康养殖概述》,《家畜生态学报》2011 年第 6 期。

② 包军:《动物福利学科的发展现状》,《家畜生态学报》1997 年第 1 期。

③ 包军:《应用动物行为学与动物福利》,《家畜生态学报》1997 年第 2 期。

形势，中国政府需要掌握我国奶牛养殖业的福利水平，构建合理、科学的规模化养殖场动物福利测度指标体系势在必行。目前，关于系统地研究奶牛福利评价体系构建的研究文献尚未发现。笔者经过查阅大量国内外文献，综合前人经验和成果，遵循国际通用"5F"原则，拟构建符合我国实际国情的规模化养殖场奶牛福利评价体系。

一、规模化养殖场奶牛福利评价体系的构建原则

（一）系统性与全面性

奶牛养殖是一项系统性工程，涉猎饲料管理、奶牛饲喂、奶牛繁育、原奶供应、环境管控、疫病防控等若干环节，动物福利则遵循"5F"原则，即生理福利、环境福利、卫生福利、心理福利和行为福利，且奶牛福利的"5F"原则都具体化在奶牛养殖各个环节，故规模化养殖场奶牛福利评价体系是一个复杂性、横纵交织性、逻辑性强的系统，纵向构建奶牛福利评价体系的目标层、原则层、标准层和指标层，横向构建不同福利原则基准的评价指标集，评价体系是规模化养殖场奶牛养殖各环节与动物福利各原则的科学融合，可以系统、全面地展示规模化养殖场奶牛福利评价体系，综合评价规模化养殖场奶牛养殖过程中动物福利水平。

（二）科学性与可行性

规模化养殖场奶牛福利评价体系的构建必须遵循动物福利学、动物医学、动物营养学、动物行为学和畜牧经济学等相关理论基础，评价指标的获取必须围绕奶牛福利的本质与内涵，通过

专家评议、实地调研和临床观察等主观与客观相结合方式，构建数据上可获、操作上可行、技术上可能的可度量、具体化的关键指标集，并运用德尔菲法、模糊综合评价法等科学的定性与定量的分析方法，全面、客观地反映和描述规模化养殖场奶牛福利水平。

二、规模化养殖场奶牛福利评价体系框架

规模化养殖场奶牛福利评价体系是一个集复杂性、学科交织性、强逻辑性为特征的系统，规模化养殖场奶牛福利评价体系的构建必须遵循动物福利学、动物医学、动物营养学、动物行为学、畜牧经济学、质量安全管理和目标管理等相关理论基础，本书遵循农场动物福利委员会（FAWC）（1997）倡导的动物福利评价"5F"基准，以世界动物卫生组织（2011）界定的动物福利标准为依据，结合专家咨询，并深入养殖企业，征求管理人员和兽医的意见和建议，建立规模化养殖场奶牛福利问题分解结构，将规模化养殖场奶牛福利评价研究的预定目标和理想结果作为目标层（A），根据福利功能将复杂的系统分解成为生理福利、环境福利、心理福利、卫生福利与行为福利 5 个子系统作为原则层（$B_1—B_5$），将在奶牛饲喂、畜舍环境、疫病防控、行为表达和人畜关系等各环节反映的奶牛福利特征的具体分类作为标准层（$B_{11}—B_{53}$），并为标准层每个因素设置数据上可获、操作上可行、技术上可能的可度量、具体化、科学化的关键指标（见表 5-8）。

表 5-8 规模化养殖场奶牛福利评价指标

目标层 A	原则层B_i	标准层B_{ij}	描述指标
福利评价 A	生理福利 B_1	清洁饮水 B_{11}	来源、充足
		饲料充足 B_{12}	异物、自由采食
		营养均衡 B_{13}	饲料配比
		分段饲喂 B_{14}	产奶量、泌乳阶段
	环境福利 B_2	牛场内外环境 B_{21}	绿化、灭鼠灭蝇
		噪声情况 B_{22}	来源、大小
		光照情况 B_{23}	方式、强度
		通风情况 B_{24}	气味、温度
		设备状况 B_{25}	清洁、故障
		运动场舒适度 B_{26}	构造、清洁
		牛床清洁度 B_{27}	清洁频次、地面湿滑
		牛床舒适度 B_{28}	数量、清洁、尺寸
		分群管理 B_{29}	牛群结构合理、牛舍布局
	卫生福利 B_3	病死伤处理 B_{31}	无害化、处理方式
		防疫措施 B_{32}	防控程序、设备设施
		健康管理 B_{33}	牛体整洁、体检记录
		兽医管理 B_{34}	资质、器具、态度
		疾病诊治 B_{35}	发病率、诊疗方式
	心理福利 B_4	群体活动时间 B_{41}	聚集
		人畜互动 B_{42}	暴力
		设备伤害 B_{43}	牛舍、奶厅
	行为福利 B_5	侵略行为 B_{51}	攻击
		异常行为 B_{52}	刻板、狂躁、自我伤害
		应激行为 B_{53}	饲养密度、条件骤变

三、规模化养殖场奶牛福利评价权重确定

（一）权重确定过程

首先，依据规模化养殖场奶牛福利评价指标体系，设计涵盖全部评价指标的描述性问题，选择 30 位专家，包括黑龙江省泌乳牛存栏量 500 头以上的养殖场管理人员 20 人及动物科学和动物医学领域的专家 10 人，采用德尔菲法征求专家对评价问卷指标的意

见,反复综合及反馈,汇总得出对评价指标集的共识。其次,通过建立综合评价指标因素的优先集合,采用两因素重要性比值代替专家打分,构筑判断矩阵,通过计量软件计算评价指标的权重。最后,进行一致性检验,确保结果的稳健性。本书选择全国原料奶主产区黑龙江省作为重点调研区域,发放调研问卷30份,有效问卷26份。为了确保专家判断的精准性,将动物福利指标的描述性分析材料分发给受访专家,作为评分依据。

(二)权重确定步骤

1. 建立综合评价指标因素的优先集合

本书将指标体系分为3个层级,第一层级为目标层(A),第二层级为原则层,标记为 $\{B_1,B_2,B_3,B_4,B_5\}$ ={生理福利,环境福利,卫生福利,心理福利,行为福利},第三层级为标准层,记为,$B_i=\{B_{i1},B_{i2},\cdots,B_{ij}\}$,其中 $i=1,2,\cdots,5$, B_{ij} 表示 B_i 的第 j 个二级指标 ,$j=1,2,\cdots,k_i$,$k_i\leqslant 9$。$B_1=\{B_{11},B_{12},B_{13},B_{14}\}$ ={清洁饮水,饲料充足,营养均衡,分群饲喂},$B_2=\{B_{21},B_{22},B_{23},B_{24},B_{25},B_{26},B_{27},B_{28},B_{29}\}$ ={牛场内外环境,噪声情况,光照情况,通风情况,设备状况,运动场舒适度,牛床清洁度,牛床舒适度,分群管理},$B_3=\{B_{31},B_{32},B_{33},B_{34},B_{35}\}$ ={病死伤处理,防疫措施,健康管理,兽医管理,疾病诊治},$B_4=\{B_{41},B_{42},B_{43}\}$ ={群体活动,人畜互动,设备伤害},$B_5=\{B_{51},B_{52},B_{53}\}$ ={侵略行为,异常行为,应激行为}。

2. 构建比较判断矩阵

基于规模化养殖场奶牛福利评价指标层次结构体系,对递阶层次结构进行两两比较,采用1—9标度法比较两个指标,将定性的比较结果转化为定量的判断数据，形成判断矩阵。即判断矩阵是在 B_i 层的要求下，对下一层 B_j 层元素 B_{i1}，B_{i2}，…，B_{ij} 进行相互比较，用具体的数值表示 B_{i1} 到 B_{ij} 对 B_i 的重要性，若二者重要程度相同，尺度设定为 1；若前者比后者稍微重要，尺度设定为 3；若前者比后者明显重要，尺度设定为 5；若前者比后者非常重要，尺度设定为 7；若前者比后者极其重要，尺度设定为 9；而尺度值 2、4、6、8 则表示为两个指标的重要程度之比在上述两个相邻等级之间，从而构建判断矩阵 A（见表 5-9）。

表 5-9 比例标度法含义

标度值	含 义
1	B_{i1} 和 B_{ij} 重要性相同
3	B_{i1} 和 B_{ij} 稍微重要
5	B_{i1} 和 B_{ij} 明显重要
7	B_{i1} 和 B_{ij} 强烈重要
9	B_{i1} 和 B_{ij} 绝对重要
2、4、6、8	介于上述 2 个相邻判断尺度之间

3. 确定各指标权重

将比较判断矩阵写入软件，计算判断矩阵的最大特征值（λ_{max}）和特征向量矩阵（W^*），然后把特征向量 W^* 化为 W，对 w 权重向量进行转置，则 $W = (w_1, w_2, \cdots, w_n)^T$，$W$ 即各指标权重。

4. 一致性检验

鉴于专家的主观经验知识不同，对指标体系的各项指标进行相对重要性判断时可能存在一定的误差，因此需要对判断矩阵进行一致性检验。具体方法如下：

$$CR = \frac{CI}{RI}, \ CI = \frac{\lambda_{max} - n}{n - 1} \qquad (5-1)$$

式(5-1)中,CR 为一致性比率,CI 为一致性指标,RI 为随机指数,λ_{max} 为判断矩阵的最大特征根,n 为判断矩阵的阶数。

当一致性 $CR < 0.1$ 时,认为判断矩阵的结果可以接受,反之,判断矩阵的结果无法接受,需要进行反复调查论证,直到具有满意的一致性为止。对于层次总排序的检验方法如下:

$$CR^n = \frac{CI^n}{RI^n},\ CI^n = (CI_1^{(n-1)},CI_2^{(n-1)},\cdots,CI_n^{(n-1)})W^{(n-1)} \tag{5-2}$$

$$RI^n = (RI_1^{(n-1)},RI_2^{(n-1)},\cdots,RI_n^{(n-1)})W^{(n-1)} \tag{5-3}$$

当 $CR^n < 0.1$ 时,认为 n 层次总排序的一致性可以接受。

鉴于比较判断矩阵获取的计量方法相同,故此处仅列出原则层 B_i 对目标层 A 的判断矩阵,B_{ij} 对 B_i 的判断矩阵同理(见表 5-10)。

表 5-10 B_i对 A 比较判断矩阵

A	B_1	B_2	B_3	B_4	B_5	W_i
B_1	1.0000	2.0000	2.2500	8.0000	2.6667	0.4034
B_2	0.5000	1.0000	1.2500	5.0000	1.6000	0.2235
B_3	0.4444	0.8000	1.0000	4.0000	1.2500	0.1816
B_4	0.1250	0.2000	0.2500	1.0000	0.3333	0.0471

四、规模化养殖场奶牛福利评价权重结果与分析

(一)原则层目标评价模型及权重分析

原则层 B_i 包括生理福利、环境福利、卫生福利、心理福利和行

为福利 5 个维度,原则层 B_i 对目标 A 的判断矩阵及全部结果见表 5-11。在规模化养殖场奶牛福利的 5 个评价维度中,对于奶牛而言,首先,生理福利比重达 40.34%,说明保证清洁饮水和饲料充足的基本生理需求及营养均衡、分群饲喂的科学饲养方式,确保奶牛健康和精力充沛,是最基本最重要的福利维度;其次,环境福利比重 22.35%,说明分群管理、自然环境、牛舍内外环境、设备状况等环境因素是影响规模化养殖场奶牛福利水平的关键福利维度;再次,卫生福利和行为福利比重分别为 18.16%和 14.43%,说明奶牛健康体态、疾病诊治、病死伤处理、防疫措施和兽医管理等卫生福利要素及侵略、异常和应激等行为福利要素对奶牛免受疾病困扰和充分表达天性行为的权利有积极作用,一定程度上影响了规模化养殖场奶牛福利总体水平;最后,心理福利比重为 4.71%,说明设备伤害、人畜互动、群体活动等要素构成的心理福利维度相对于其他 4 个维度而言,对规模化养殖场奶牛福利水平影响稍小。但是,5 个维度均为评价规模化养殖场奶牛福利水平的重要组成部分(见表 5-11)。

表 5-11 B_i对 A 权重结果

目标层 A	B_1	B_2	B_3	B_4	B_5
权重 W_i	0.4034	0.2235	0.1816	0.0471	0.1443

注:$CR = 0.0010$, $\lambda max = 5.0047$。

(二)生理福利评价子模型及权重分析

生理福利为原则层 B_1,清洁饮水 B_{11}、饲料充足 B_{12}、营养均衡 B_{13}、分群饲喂 B_{14} 为标准层,标准层指标 B_{1j} 对原则层 B_1 的判断矩阵及全部结果见表 5-12。生理福利是指动物应享有免受饥渴的自由,是动物生存的基本要求。影响规模化养殖场奶牛生理福利的主要指标有清洁饮水、饲料充足、营养均衡和分群饲喂,生理福利指标较易量化、获取和接受。清洁饮水是保障牛体健康的首要条件,有助于活化细胞及内脏,加速代谢,增强机体免疫力和抵抗力,流动的地下水、清洁的水槽、充足的饮水器是确保水质安全和水量充足的基础;饲料充足是满足奶牛生存的又一基本要求,高品质饲料,充足的饲料槽,自由采食空间是确保饲料质量安全和摄食充分的基础;营养均衡是衡量奶牛采食营养全面与否的重要指标,不断丰富和补充奶牛身体所需的营养物质并进行科学配比是确保高品质原料奶的基础;分群饲喂是依据泌乳牛不同的产奶量区间及所处不同的泌乳阶段进行合理的饲喂管理,保证原料奶产量和奶牛机体功能。① 在影响生理福利的 4 项指标中,饲料充足和营养均衡的比重分别为 41.21%和 33.31%,是保障奶牛不受饥饿之苦的重要因素,是影响奶牛生理福利的重要因素,清洁饮水比重为 18.87%,是保障奶牛免受饥渴之苦的重要因素,分群饲喂比重为 6.61%,相对于摄食和饮水而言,该指标权重较低(见表 5-12)。

表 5-12 B_{1j}对B_1权重结果

原则层B_1	B_{11}	B_{12}	B_{13}	B_{14}
权重 W_i	0.1887	0.4121	0.3331	0.0661

注:CR = 0.0005,对“A”的权重=0.4034,λ_{max} = 4.0013。

① Sinclair, K.D., Garnsworthy, P.C., Mann, G.E., “Reducing Dietary Protein in Dairy Cow Diets: Implications for Nitrogen Utilization, Milk Production, Welfare and Fertility”, *Animal*, Vol.8, No.2, 2014, pp.262-274.

（三）环境福利评价子模型及权重分析

环境福利为原则层 B_2，牛场内外环境 B_{21}、噪声情况 B_{22}、光照情况 B_{23}、通风情况 B_{24}、设备状况 B_{25}、运动场舒适度 B_{26}、牛床清洁度 B_{27}、牛床舒适度 B_{28}、分群管理 B_{29} 为标准层，标准层指标 B_{2j} 对原则层 B_2 的判断矩阵及全部结果见表 5-13。环境福利是指动物应享有免受不舒适环境的自由，是动物生活的基本条件。影响规模化养殖场奶牛环境福利的主要指标有物理类环境因素，即噪声情况、光照情况、通风情况，畜舍设施类环境因素，即牛场内外环境、设备状况、运动场舒适度、牛床清洁度、牛床舒适度，管理类环境因素，即分群管理，环境福利指标较易观察和获得。物理类环境因素是保证奶牛舒适生活的自然要素，牛舍应具备良好的通风条件，控制有害气体的浓度；具备充足的光照，满足奶牛采食行为；具备安静的氛围，保证奶牛的充足休息。畜舍设施类环境因素是保证奶牛舒适生活的功能要素，牛场内外适当的绿化和灭蝇灭鼠，净化环境，防止疫病传播；拥有运动场且构造合理，满足奶牛日常活动需求；牛床清洁舒适，大小适宜，使躯体舒服；料槽、饮水器、风扇、喷水系统、全混合日粮和挤奶机等设备清洁且功能正常，是奶牛饲喂与原料奶供应的有效保障。合理的牛群结构，促使泌乳牛管理更为精细化。[①] 在影响环境福利的 9 项指标中，牛床舒适度和牛床清洁度的比重分别为 39.14%和 21.46%，说明奶牛躺卧环境是影响奶牛环境福利的重要因素，通风情况的比重为 14.66%，说明牛舍空气质量直接影响奶牛环境福利，此外，其他 6 项指标比

① Thompson, J., "Field Study to Investigate Space Allocation in Housed Dairy Cows and the Impact on Health and Welfare", *Cattle Practice*, Vol.26, No.2, 2018, p.104.

重均小于 10%，权重相对较低(见表 5-13)。

表 5-13　B_{2j} 对 B_2 的权重结果

原则B_2	B_{21}	B_{22}	B_{23}	B_{24}	B_{25}	B_{26}	B_{27}	B_{28}	B_{29}
权重 W_i	0.0504	0.0297	0.0341	0.1466	0.0524	0.0366	0.2146	0.3914	0.0442

注：CR=0.0062，对“A”的权重=0.2235，λ_{max} = 9.0726。

(四)卫生福利评价子模型及权重分析

卫生福利为原则层 B_3，病死伤处理 B_{31}、防疫措施 B_{32}、健康管理 B_{33}、兽医管理 B_{34}、疾病诊治 B_{35} 为标准层，标准层指标 B_{3j} 对原则层 B_3 的判断矩阵及全部结果见表 5-14。卫生福利是指动物应享有免受疾病、疼痛和伤害的自由，是维持动物身体健康的重要条件。影响规模化养殖场奶牛卫生福利的主要指标有病死伤处理、防疫措施、健康管理、兽医管理和疾病诊治。卫生福利指标较易观察和获得。奶牛病死伤处理应采取无害化处理方式，可以有效控制疫病传播；卫生防疫工作应在建立疫病防控程序的基础上，配备隔离设备、隔离带、消毒设施，按照国家规定注射疫苗，防止疫情扩散；健康管理可以有效预防奶牛患病，通过观察牛体状况和体检记录，明确奶牛卫生健康状况；兽医工作是疾病预防和治疗的技术保障，养殖场应设有兽医室，配备专业兽医器具，并由具备专业知识和技能的人员实施诊治；疾病诊治工作是衡量养殖场卫生管理水平的关键因素，降低各类疾病的发病率和死亡率，及时救护，抑制疼痛，有效延长奶牛寿命。在影响卫生福利的 5 项指标中，健康管理和疾病诊治的比重分别为 39.61%和 20.49%，防疫措施和兽医管理的比重分别为 15.60%和 15.40%，病死伤处理的比重仅为8.9%，权重相对较低(见表5-14)。

表5-14　B_{3j}对B_3的权重结果

原则层B_3	B_{31}	B_{32}	B_{33}	B_{34}	B_{35}
权重 W_i	0.0890	0.1560	0.3961	0.1540	0.2049

注：$CR = 0.0012$，对"A"的权重=0.1816，$\lambda_{max} = 5.0054$。

（五）心理福利评价子模型及权重分析

心理福利为原则层 B_4，群体活动时间 B_{41}、人畜互动 B_{42}、设备伤害 B_{43} 为标准层，标准层指标 B_{4j} 对原则层 B_4 的判断矩阵及全部结果见表5-15。心理福利是指动物应享有免受精神上的恐惧和压抑的自由，是维持动物精神健康的重要条件。对于奶牛是否具有主观感受和心理意识尚存争议，所以在评价奶牛福利时是否应该考虑奶牛感受很难达成共识。按照当前知识体系很难界定动物心理福利全部内涵，评价心理更为困难。然而，使奶牛有心理上的安乐、不惧怕、不紧张、不枯燥、无压抑感等都是奶牛心理福利的重要方面。影响规模化养殖场奶牛心理福利的主要指标有群体活动时间、人畜互动和设备伤害。设备伤害、暴力驱赶、独自活动等均会增加奶牛害怕程度和压抑不适感。[①] 在3项指标中，设备伤害的比重高达73.98%，人畜互动的比重为17.11%，群体活动时间的比重仅为8.9%，权重相对较低(见表5-15)。

① Meen, G. H., Schellekens, M. A., Slegers, M. H. M., "Sound Analysis in Dairy Cattle Vocalisation As a Potential Welfare Monitor", *Computer and Electronicsin Agriculture*, Vol.118, 2015, pp.111-115.

表 5-15　B_{4j}对B_4的权重结果

原则层B_4	B_{41}	B_{42}	B_{43}
权重 W_i	0.0890	0.1711	0.7398

注:CR = 0.0015,对"A"的权重=0.0471, λ_{max} = 3.0015。

(六)行为福利评价子模型及权重分析

行为福利为原则层 B_5,侵略行为 B_{51}、异常行为 B_{52}、应激行为 B_{53} 为标准层,标准层指标 B_{5j} 对原则层 B_5 的判断矩阵及全部结果见表 5-16。行为福利是指动物应享有表达自然行为的自由,"维持需要的行为"决定了动物的康乐状态,即动物福利水平,动物行为的内环境平衡决定了动物在进化中的生物适应性,行为福利是动物进化的动机条件。[①] 由于目前的科学手段很难准确测量动物行为福利状态,我们仅能通过观察进行主观判断,归纳影响规模化养殖场奶牛行为福利的主要指标有侵略行为、异常行为和应激行为。异常行为主要表现为狂躁,以啃咬护栏,来回走动,拒绝饮食为表现形式;刻板,以踱步、旋转、甩头、头部上下伸缩、呕吐重咽、身体摇摆不稳为表现形式;自我伤害,以身体摩擦物品,皮肤伤害为表现形式。应激行为主要表现为由于饲养密度、条件骤变等要素变化引起的呼吸急促、运动量减少、免疫力降低、生长缓慢等表现形式。侵略行为主要表现为自我保护式的攻击。[②③] 在 3 项指标中,应激行为的比重高达 55.16%,异常行为的

① 包军:《应用动物行为学与动物福利》,《家畜生态学报》1997 年第 2 期。

② Bernabucci, U., Mele, M., "Effect of Heat Stress on Animal Production and Welfare: The Case of Dairy Cow", *Agrochimica*, Vol.58, 2014, pp.53-60.

③ 尹国安、孙国鹏:《农场动物福利的评估》,《家畜生态学报》2013 年第 5 期。

比重为32.26%，侵略行为的比重仅为12.58%，权重相对较低(见表5-16)。

表5-16 B_{5j}对B_5的权重结果

原则层B_5	B_{51}	B_{52}	B_{53}
权重 W_i	0.1258	0.3226	0.5516

注：CR = 0.0006，对"A"的权重=0.1443，λ_{max} = 3.0007。

(七)权重总排序

层次总排序是各标准层对于目标层的权重，计算结果见表5-17。生理福利维度中的饲料充足与营养均衡的比重分别为16.62%和13.44%，对奶牛福利影响最大；生理福利维度中的清洁饮水、分群饲喂，环境福利维度的牛床舒适度、牛床清洁度、通风情况、设备状况和牛场内外环境，卫生福利维度的所有标准层指标，心理福利维度的设备伤害，行为福利维度的所有标准层指标的比重在1%—10%；其他指标比重均低于1%。

表5-17 规模化养殖场奶牛福利评价指标权重(B_{ij}-A)

标准层	权重	标准层	权重	标准层	权重	标准层	权重
B_{11}	0.0761	B_{12}	0.1662	B_{13}	0.1344	B_{14}	0.0267
B_{21}	0.0113	B_{22}	0.0066	B_{23}	0.0076	B_{24}	0.0328
B_{25}	0.0117	B_{26}	0.0082	B_{27}	0.0480	B_{28}	0.0875
B_{29}	0.0098	B_{31}	0.0719	B_{32}	0.0283	B_{33}	0.0719
B_{34}	0.0280	B_{35}	0.0372	B_{41}	0.0042	B_{42}	0.0348
B_{43}	0.0348	B_{51}	0.0182	B_{52}	0.0466	B_{53}	0.0796

五、规模化养殖场奶牛福利水平实证分析

为了深入地研究规模化养殖场奶牛福利化养殖情况，笔者及调研团队于 2019 年 5—8 月对黑龙江省 150 家泌乳牛存栏量大于 500 头的规模化奶牛养殖场进行实地调研。

（一）规模化养殖场奶牛福利化养殖现状描述

1. 生理福利情况

在清洁饮水方面，结果见表 5-18，受访规模化养殖场均能做到使用流动地下水，且饮水充足，不存在拥挤，水槽清洁基本以半个月为周期，仅有 13 家能做到周清洁；在饲料充足方面，对于泌乳牛而言，拥有充分饲料槽空间，可自由采食，同时进食的养殖场比重较高，且饲料中存在异物或霉变的比重较小，偶尔出现苜蓿中存在异物或青贮存在霉变的情况；在营养均衡方面，129 家规模化养殖场可以做到合理的饲料配比，但是仍存在调高精料比重催奶的现象，影响泌乳牛身体机能；在分段饲喂方面，从科学饲喂角度，若严格按照泌乳期各阶段进行饲喂，必将导致某一泌乳阶段原料奶产量降低，因此，大部分规模化养殖场不愿意进行分段饲喂。

表 5-18　受访规模化养殖场生理福利情况

类别	项　目	数量（家）	比例（%）
清洁饮水	使用流动地下水	150	100.00
	定期清刷水槽（周）	13	8.67
	不存在饮水拥挤	150	100.00
饲料充足	存在异物、霉变	17	11.33
	充分饲料槽空间	100	66.67
营养均衡	精粗饲料合理配比	129	86.00
分段饲喂	按产奶量、泌乳期饲喂	60	40.00

资料来源：笔者根据调研数据整理。

2. 环境福利情况

在牛场内外环境方面，结果见表5-19，仅11家规模化养殖场能做到绿化，仅9家重视并定期实施灭蝇灭鼠行为，存在明显的疫病传播和细菌滋生等安全隐患；在噪声方面，由于牛舍的位置多居于郊外，远离城区，故主要噪声来源于推粪车和全混合日粮搅拌机，极少存在噪声影响；在光照方面，受访养殖场均为自然光，光照能满足采食行为的养殖场仅为34家；在通风方面，受访养殖场均为开放式屋檐，热季风扇淋水，冬季保暖，仅有36家规模化养殖场出现偏浓的臭味；在设备方面，近79%的规模化养殖场的挤奶机、全混合日粮、风扇和喷水系统未出现故障且可正常使用；在运动场舒适度方面，仅30家规模化养殖场拥有运动场，且面积较小，地面以普通地面为主，运动场粪便清理均以半年为周期，大部分运动场存在适当的遮挡，保证奶牛安全；在牛舍清洁度方面，74%的规模化养殖场能做到定时清粪，刮粪机4次/天—5次/天，人工水洗2次/天，且近82%的规模化养殖场牛舍地面湿滑程度适宜，无杂物，无尖石或不平的地方，不会造成奶牛摔倒；在牛床舒适度方面，受访150家养殖场的畜舍形态均为"牛床+垫料"，牛床数量较为充足，其中，一部分养殖场的牛床尺寸不合理，奶牛躺卧不便，129家养殖场能做到每日清理2—3次粪便；在分群饲养方面，受访的150家规模化养殖场均能做到分群饲养，即泌乳牛、后备牛和犊牛分类管理。

表5-19　受访规模化养殖场环境福利情况

类别	项　目	数量(家)	比例(%)
牛场内外环境	定期绿化	11	7.33
	灭蝇灭鼠	9	6.00

续表

类别	项　目	数量(家)	比例(%)
噪声情况	噪声音量大	4	2.67
光照情况	自然光满足采食	34	22.67
通风情况	气味累积,恶臭	36	24.00
设备情况	无故障	118	78.67
运动场舒适度	拥有运动场	30	20.00
	地面不易受伤	122	81.33
	构造合理,适当遮挡	103	68.67
	定期清扫	19	12.67
牛舍清洁度	定时清粪	111	74.00
	地面湿滑不易滑倒	126	84.00
牛床舒适度	数量充足	150	100.00
	尺寸合理	109	72.67
	定期清洁	129	86.00
分群饲养	不同牛群分类管理	150	100.00

资料来源:笔者根据调研数据整理。

3. 卫生福利情况

在病死伤处理方面,结果见表5-20,缺少无害化处理室,大部分采用深埋方式处理病死牛;在防疫措施方面,疫病检疫和注射疫苗的防疫措施较为普遍,大部分规模化养殖场配备消毒池和消毒间,但是在建立疫病防控程序、配备防疫沟和隔离带、配备隔离设备方面比重较低,大部分被医治后的奶牛基本不会单独隔离,而是返回牛群;在健康管理方面,大部分受访规模化养殖场能保证牛体整洁,且在泌乳牛产后进行体检;在兽医管理方面,兽医学历不断提高,专用专业兽医器具齐全,但是对奶牛的关爱程度相对较弱,在诊治奶牛方面的兽医积极主动的态度有待进一步提升;在疾病诊治方面,受访规模化养殖场均有驻场兽医,大部分规模化养殖场的乳腺炎、牛蹄病等疾病发病率出现不同程度的下降,下降比重约为2%—30%。

表 5-20　受访规模化养殖场卫生福利情况

类别	项　目	数量(家)	比例(%)
病死伤处理	配备无害化处理室	0	0.00
	深埋	126	84.00
防疫措施	建立疫病防控程序	62	41.33
	配备防疫沟、隔离带	58	38.67
	配备消毒池、消毒间	111	74.00
	配备隔离设备	15	10.00
	疫病检疫、注射	84	56.00
健康管理	牛体整洁	124	82.67
	产后体检记录	101	67.33
兽医管理	大专及以上	98	65.33
	专业设备	150	100.00
	关爱动物	73	48.67
疾病诊治	发病率下降	137	91.33
	驻场兽药诊治	150	100.00

资料来源:笔者根据调研数据整理。

4. 心理福利情况

在群体活动时间方面,结果见表 5-21,由于活动空间受限,泌乳牛群体玩耍时间较少,更愿意独自静卧;在人畜互动方面,一半以上的规模化养殖场出现过频次较少的暴力驱赶奶牛的情况,奶牛较易接近;在设备伤害方面,刮粪板对牛蹄,卧床对牛体,奶厅设备对乳头均存在一定比例的伤害。

表 5-21　受访规模化养殖场心理福利情况

类别	项　目	数量(家)	比例(%)
群体活动时间	自己待着	124	82.67
人畜互动	存在少量的暴力驱赶	92	61.33
	容易亲近	90	60.00
设备伤害	牛体、牛蹄、乳头伤害	62	41.33

资料来源:笔者根据调研数据整理。

5.行为福利情况

在侵略行为方面,结果见表5-22,大部分规模化养殖场均出现过奶牛攻击行为,但是频次较低;在异常行为方面,大部分规模化养殖场均出现过奶牛狂躁、刻板、畏惧、自我伤害行为,且频次较低;在应激行为方面,受访规模化养殖场均出现过奶牛因饲养密度、条件骤变引发的应激行为。

表5-22 受访规模化养殖场行为福利情况

类别	项 目	数量(家)	比例(%)
侵略行为	攻击人员	107	71.33
异常行为	狂躁、刻板、畏惧、自我伤害,如鸣叫、头顶物等	111	74.00
应激行为	由饲养密度、条件骤变引发防御性行为,如护食行为	150	100.00

资料来源:笔者根据调研数据整理。

(二)规模化养殖场奶牛福利水平测度

规模化养殖场奶牛福利评价体系采用1—10分打分制,对于受访的150家规模化奶牛养殖场而言,在生理福利方面,指标均值均超过6分,生理保障良好;在环境福利方面,光照和运动场两项指标得分低于5分,分群管理和通风情况得分最高;在卫生福利方面,疾病诊治得分最高,防疫措施有待完善;在心理福利方面,群体活动和人畜互动得分略低,设备伤害较小;在行为福利方面,异常行为和应激行为的控制相对于侵略行为较好。受访规模化奶牛养殖场动物福利平均水平为7.8389、生理福利平均水平为8.5294、环境福利平均水平为7.4179、卫生福利平均水平为6.6054、心理福利平均水平为6.6845、行为福利平均水平为6.8997。可见,规模化养殖场奶牛生理福利平均水平相对较高,心理福利水平亟待提升(见表5-23)。

表5-23　受访规模化养殖场奶牛福利水平

目标层	原则层		类别	指标均值	分类		总类	
	类别	权重			分类权重	得分	总权重	得分
规模化养殖场奶牛福利评价体系A	生理福利 B_1	0.4034	清洁饮水 B_{11}	9.26	0.1887	1.7474	0.0761	0.7047
			饲料充足 B_{12}	8.35	0.4121	3.4410	0.1662	1.3878
			营养均衡 B_{13}	8.75	0.3331	2.9146	0.1344	1.1760
			分群饲喂 B_{14}	6.45	0.0661	0.4263	0.0267	0.1722
	环境福利 B_2	0.2235	牛场内外环境 B_{21}	5.94	0.0504	0.2994	0.0113	0.0671
			噪声情况 B_{22}	8.54	0.0297	0.2536	0.0066	0.0564
			光照情况 B_{23}	2.45	0.0341	0.0835	0.0076	0.0186
			通风情况 B_{24}	9.35	0.1466	1.3707	0.0328	0.3067
			设备状况 B_{25}	6.87	0.0524	0.3600	0.0117	0.0804
			运动场舒适度 B_{26}	4.55	0.0366	0.1665	0.0082	0.0373
			牛床清洁度 B_{27}	7.75	0.2146	1.6632	0.0480	0.3720
			牛床舒适度 B_{28}	7.10	0.3914	2.7789	0.0875	0.6213
			分群管理 B_{29}	10.00	0.0442	0.4420	0.0098	0.0980
规模化养殖场奶牛福利评价体系A	卫生福利 B_3	0.1816	病死伤处理 B_{31}	6.55	0.0890	0.5830	0.0162	0.1061
			防疫措施 B_{32}	4.56	0.1560	0.7114	0.0283	0.1290
			健康管理 B_{33}	6.05	0.3961	2.3964	0.0719	0.4350
			兽医管理 B_{34}	7.95	0.1540	1.2243	0.0280	0.2226
			疾病诊治 B_{35}	8.25	0.2049	1.6904	0.0372	0.3069
	心理福利 B_4	0.0471	群体活动时间 B_{41}	3.35	0.0891	0.2985	0.0042	0.0141
			人畜互动 B_{42}	5.50	0.1711	0.9411	0.0081	0.0446
			设备伤害 B_{43}	7.36	0.7398	5.4449	0.0348	0.2561
	行为福利 B_5	0.1443	侵略行为 B_{51}	3.15	0.1258	0.3963	0.0182	0.0573
			异常行为 B_{52}	7.25	0.3226	2.3389	0.0466	0.3379
			应激行为 B_{53}	7.55	0.5516	4.1646	0.0796	0.6010

六、结论与讨论

在规模化养殖场奶牛福利评价体系中,生理福利和环境福利是影响奶牛总体福利的最重要的两个维度,心理福利是对奶牛总体福利影响最小的维度。其中,饲料供给是影响奶牛福利最重要的生理福利指标,牛床舒适度是影响奶牛福利最重要的环境福利指标,牛体健康管理是影响奶牛福利最重要的卫生福利指标,设备伤害是影响奶牛福利最重要的心理福利指标,应激行为是影响奶牛福利最重要的行为福利指标。通过对黑龙江省规模化养殖场奶牛福利水平的测算,规模化养殖场在奶牛福利化养殖方面存在良好的发展态势,尤其在生理福利和环境福利方面管控较好,卫生福利、心理福利和行为福利有待进一步提高。同时,本项目的研究理论和方法可以为其他畜禽福利评价探讨提供参考。鉴于国内研究处于起步阶段,本福利体系会依据国内政策、标准和产业发展具体情况,进行补充与完善,为政府相关部门和生产者明确改善奶牛福利的重点任务提供科学支撑。

第六章　中国农场动物福利的公众态度

第一节　中国农场动物福利公众态度的问题提出

党的十八大以来，党中央、国务院高度重视现代畜牧业建设，大力推动畜牧业转型升级，集约化生产与规模化经营水平大幅提升，在保障畜产品供给、促进农牧民增收等方面发挥着不可替代的重要作用。[①] 改善农场动物福利、实施福利型畜禽健康养殖模式已成为促进畜牧业转型升级和实现畜牧业现代化的有效途径和必然要求。[②]

随着社交媒体的兴起、公民道德水平的提高、消费者食品安全意识的增强，农场动物福利作为社会问题，正受到公众越来越多的

① 刘刚、罗千峰、张利庠：《畜牧业改革开放 40 周年：成就、挑战与对策》，《中国农村经济》2018 年第 12 期。

② 于法稳、黄鑫、王广梁：《畜牧业高质量发展：理论阐释与实现路径》，《中国农村经济》2021 年第 4 期。

关注,关于改善农场动物福利的呼声也越来越高。[①②] 与此同时,农场动物福利作为经济问题,其与经济效益和生产效率之间的关联也愈发受到实务界的关注,一系列农场动物福利标准相继出台。据全国标准信息公共服务平台查询,截至 2022 年 9 月,中国分别发布农场动物福利相关行业标准 4 部、团体标准 12 部、企业标准 15 部,内容涵盖养殖、运输及屠宰全过程,涉及生猪、肉牛、奶牛、肉羊、奶羊、绒山羊、蛋鸡、肉鸡、水禽等多畜种。然而,相比于欧美等发达国家通过立法、监管、激励与认证等方式保障和改善农场动物福利,已形成较为完善、成熟的体系,中国农场动物福利受经济发展水平和社会文化环境等因素制约尚处于初级阶段,国家层面的立法与政策几乎处于空白状态。[③④] 由于商品性、食用性等特点,农场动物的福利问题在生产实践中也往往被忽视。[⑤]

公众是农场动物福利事业的最根本推动力,公众的广泛参与是农场动物福利立法和政策科学制定与有效执行的基础。[⑥⑦] 考虑到中国农场动物福利事业刚刚起步,公众的态度将是推动农场动

① 王常伟、刘禹辰:《改善农场动物福利的经济机理、民众诉求与政策建议》,《云南社会科学》2021 年第 6 期。

② Carnovale, F., Jin, X., Arney, D., Descovich, K., Guo, W., Shi, B. L., Phillips, C. J. C., "Chinese Public Attitudes towards, and Knowledge of Animal Welfare", *Animals*, Vol.11, 2021, p.855.

③ 熊慧、王明利:《欧美发达国家发展农场动物福利的实践及其对中国的启示——基于畜牧业高质量发展视角》,《世界农业》2020 年第 12 期。

④ 王常伟、顾海英:《基于消费者层面的农场动物福利经济属性之检验:情感直觉或肉质关联?》,《管理世界》2014 年第 7 期。

⑤ 王常伟、顾海英:《动物福利认知与居民食品安全》,《财经研究》2016 年第 12 期。

⑥ Ostovic, M., Mikus, T., Pavicic, Z., Matkovic, K., Mesic, Z., "Influence of Socio-Demographic and Experiential Factors on the Attitudes of Croatian Veterinary Students towards Farm Animal Welfare", *Veterinarni Medicina*, Vol.62, 2017, pp.417-428.

⑦ Clark, B., Stewart, G.B., Panzone, L.A., Kyriazakis, I., Frewer, L.J., "A Systematic Review of Public Attitudes, Perceptions and Behaviours towards Production Diseases Associated with Farm Animal Welfare", *Journal of Agricultural & Environmental Ethics*, Vol.29, 2016, pp.455-478.

物福利进程的关键。然而，现有探讨公众农场动物福利态度及其影响因素的研究主要集中于欧美国家。玛丽亚（Maria，2006）基于3978名西班牙公众调查数据，发现性别、年龄和职业是影响公众农场动物福利态度的主要因素。[①] 麦格拉思等（McGrath，2013）调查了澳大利亚1000名公众对动物福利悲伤能力的了解，发现仅有23%的受访者认为所有动物都会经历悲伤，更多受访者则认为只有伴侣动物和认知能力更高的动物会经历悲伤。[②] 史普纳等（Spooner，2014）采用开放式半结构化访谈方式，调查了24名城乡居民对农场动物福利的态度，发现受访者普遍支持改善农场动物福利，但缺乏关于畜牧业生产实践的相关知识，人口特征、农场动物饲养经验和畜牧业生产实践知识掌握情况是影响农场动物福利态度的主要因素。[③] 埃斯特维斯莫雷诺等（Estevez-Moreno，2021）基于1455名西班牙和833名墨西哥消费者的调查数据，发现性别、年龄、居住地、受教育水平是影响消费者农场动物福利态度的主要因素。[④] 此外，国外研究还探讨了某些特殊公众群体农场动物福利态度及其影响因素。赫莱斯基等（Heleski，2004）通过电子邮件调查，向美国446名动物科学教师群体发放问卷，发现超过90%的受访者支持改善农场动物福利，但仅有32%的受访者认为让农场动物遭受痛苦是令人担忧的，且女性受访者更关心农场动

① Maria，G.A.，"Public Perception of Farm Animal Welfare in Spain"，*Livestock Science*，Vol.103，2006，pp.250-256.

② McGrath，N.，Walker，J.，Nilsson，D.，Phillips，C.，"Public Attitudes towards Grief in Animals"，*Animal Welfare*，Vol.22，2013，pp.33-47.

③ Spooner，J. M.，Schuppli，C. A.，Fraser，D.，"Attitudes of Canadian Citizens toward Farm Animal Welfare：A Qualitative Study"，*Livestock Science*，Vol.163，2014，pp.150-158.

④ Estevez-Moreno，L.X.，Maria，G.A.，Sepulveda，W.S.，Villarroel，M.，Miranda-de la Lama，G.C.，"Attitudes of Meat Consumers in Mexico and Spain about Farm Animal Welfare：A Cross-Cultural Study"，*Meat Science*，Vol.173，2021，编号为108377。

物福利问题。[①] 海瑟和特夫森(Heise 和 Theuvsen,2018)通过线上调查的方式,调查了德国 258 名奶农对农场动物福利的态度,发现大部分奶农对动物福利持有积极态度,并愿意支付一定成本改善农场动物福利。[②] 科尔曼等(Coleman,2022)调查了澳大利亚 501 名公众和 200 名红肉生产商对农场动物福利的态度,发现公众与红肉生产商对农场动物福利态度存在两极分化。[③]

针对中国公众的研究则较为少见,尤等(You,2014)调查了 6006 名中国公众对农场动物福利的态度,发现约 2/3 的受访者从未听说过农场动物福利,超过 70%的受访者认为为了食品安全应改善农场动物福利,超过 60%的受访者完全或部分同意为动物福利立法,超过一半的受访者愿意为动物福利畜产品支付溢价,性别、年龄、户籍、受教育程度、职业、工作地点、家庭年收入是影响中国公众农场动物福利态度的主要因素。[④] 苏和马滕斯(Su 和 Martens,2017)调查了 504 位中国公众对动物福利的态度,发现性别、年龄和伦理意识形态是影响中国公众农场动物福利态度的主要因素。[⑤] 嘉诺瓦莱等(Carnovale,2021)调查了中国 23 个省(自

① Heleski, C. R., Mertig, A. G., Zanella, A. J., "Assessing Attitudes toward Farm Animal Welfare: A National Survey of Animal Science Faculty Members", *Journal of Animal Science*, Vol.82, 2004, pp.2806-2814.

② Heise, H., Theuvsen, L., "German Dairy Farmers' Attitudes toward Farm Animal Welfare and Their Willingness to Participate in Animal Welfare Programs: A Cluster Analysis", *International Food and Agribusiness Management Review*, Vol.21, 2018, pp.1121-1136.

③ Coleman, G.J., Hemsworth, P.H., Hemsworth, L.M., Munoz, C.A., Rice, M., "Differences in Public and Producer Attitudes toward Animal Welfare in the Red Meat Industries", *Frontiers in Psychology*, Vol.13, 2022, 编号为 875221。

④ You, X.L., Li, Y.B., Zhang, M., Yan, H.Q., Zhao, R.Q., "A Survey of Chinese Citizens' Perceptions on Farm Animal Welfare", *Plos One*, Vol.9, 2014, 编号为 e109177。

⑤ Su, B., Martens, P., "Public Attitudes toward Animals and the Influential Factors in Contemporary China", *Animal Welfare*, Vol.26, 2017, pp.239-247.

治区、直辖市)2170 位公众对农场动物福利的态度,发现大多数受访者不知道动物福利的概念,但越来越多的人了解动物福利,绝大多数受访者愿意为农场动物福利畜产品支付更多的费用、支持动物福利立法,并对农场动物福利畜产品进行认证。① 普拉托等(Platto,2022)调查了不同专业和地理区域的中国大学生对动物福利的态度,发现大多数受访者对农场动物福利的关注少于伴侣动物和野生动物,但近年来中国大学生对农场动物福利的态度明显改善,兽医专业、饲养过动物和参加过动物福利课程的大学生对农场动物福利态度更积极。② 嘉诺瓦莱(2022)等进一步探讨了性别和年龄对中国公众农场动物福利态度的影响,发现女性受访者农场动物福利态度更积极,年轻受访者更同情农场动物。③ 国内学者则将研究重点放在养殖户对农场动物福利的态度及影响因素的探究上。严火其等(2013)调查了江苏省 1525 名养殖企业和养殖专业户对农场动物福利的态度,认为中国畜牧行业大多数从业人员对动物福利有基本的认知,虽然从业人员认同农场动物福利,但并不太愿意为改善农场动物福利而承担过多成本。④ 季斌等(2017)调查了山东省 533 家养猪场户对农场动物福利认知情况,发现受访者虽然了解农场动物福利,但并不了解动物福利认证,接近 60%的受访者认同动物福利理念,且超过 80%的受访者认为保

① Carnovale, F., Jin, X., Arney, D., Descovich, K., Guo, W., Shi, B. L., Phillips, C. J. C., "Chinese Public Attitudes towards, and Knowledge of, Animal Welfare", *Animals*, Vol.11, 2021, p.855.

② Platto, S., Serres, A., Ai, J. Y., "Chinese College Students' Attitudes towards Animal Welfare", *Animals*, Vol.12, 2022, p.156.

③ Carnovale, F., Xiao, J., Shi, B.L., Arney, D., Descovich, K., Phillips, C.J.C., "Gender and Age Effects on Public Attitudes to, and Knowledge of, Animal Welfare in China", *Animals*, Vol.12, 2022, p.1367.

④ 严火其、李义波、尤晓霖、张敏、葛颖:《养殖企业从业人员"动物福利"社会态度研究》,《畜牧与兽医》2013 年第 8 期。

障农场动物福利是重要的。[①] 于浪潮等(2018)调查了92名东北三省畜牧行业从业人员对动物福利的任职情况,发现接近80%的受访者了解农场动物福利,但仅有30%左右的受访者知晓中国农场动物福利相关标准出台。[②]

上述研究尽管取得了丰硕的成果,但仍存在进一步研究的空间。首先,现有国内外研究缺乏对中国公众农场动物福利态度的系统评估,中国公众农场动物福利态度的影响因素在实证研究中得到的关注极为有限;其次,现有国内外研究大多将公众农场动物福利态度视为整体概念,深入分析态度的维度结构、并依此构建指标体系衡量农场动物福利的研究几乎未见;再次,现有部分国外研究定性分析了公众扮演"消费者—公民"双重角色对农场动物福利的态度差异,但缺少定量比较分析和影响因素异质性的实证分析;最后,现有国内外研究极少探讨公众农场动物福利态度的形成过程,态度各维度结构相互作用的逻辑顺序尚未得到揭示。

鉴于此,本书基于全国31个省(自治区、直辖市)3726份问卷调查数据,引入三维态度理论,比较分析不同维度结构、角色定位下公众态度的差异,运用熵值法和层次分析法测度公众农场动物福利态度,构建Tobit模型剖析公众农场动物福利态度的影响因素,进一步构建中介效应模型探究公众农场动物福利态度形成的层级效应,以期为提升公众农场动物福利态度、促进农场动物福利改善提供理论依据和价值参考。

---

① 季斌、张凤娟、孙世民:《养猪场户动物福利的认知、行为与意愿分析——基于山东省533家养猪场户的问卷调查》,《山东农业科学》2017年第11期。

② 于浪潮、蒋磊、尹国安:《东北地区畜牧行业从业人员对动物福利认知的调查》,《黑龙江八一农垦大学学报》2018年第6期。

第二节 中国农场动物福利公众态度的分析框架

一、态度的维度结构

态度是指个体在心理上对特定客体的主观评价，故公众农场动物福利态度可以理解为公众在心理上对农场动物福利的主观评价。三维态度理论表明态度是一个多维概念，由认知态度(Cognitive Attitude)、情感态度(Affective Attitude)和行为态度(Behavioral Attitude)3个维度构成。其中，认知态度是指公众对农场动物福利的理解或观点，表现为对农场动物福利相关知识的掌握情况；情感态度是指公众对农场动物福利的感受或情绪，表现为对农场动物福利的情感认同情况；行为态度是指公众对农场动物福利的倾向或意愿，表现为对农场动物福利改善措施的支持情况。[①]

认知态度方面，王常伟和顾海英(2016)发现80%以上的受访者不了解动物福利内涵[②]，嘉诺瓦莱等(2021)发现几乎一半的受访者从未听说过"动物福利"一词[③]，说明公众农场动物福利认知态度较差。情感态度方面，严火其等(2013)发现超过半数受访者对违反农场动物福利情景给予正面评价，且分歧严重[④]，王常伟和

① Rosenberg, M.J., Hovland, C.I., *Attitude Organization and Change: An Analysis of Consistency among Attitude Components*, Yale University Press, 1960, pp.1-14.

② 王常伟、顾海英:《动物福利认知与居民食品安全》,《财经研究》2016年第12期。

③ Carnovale, F., Jin, X., Arney, D., Descovich, K., Guo, W., Shi, B. L., Phillips, C. J. C., "Chinese Public Attitudes towards, and Knowledge of, Animal Welfare", *Animals*, Vol.11, 2021, p.855.

④ 严火其、李义波、尤晓霖、张敏、刘志萍、葛颖:《中国公众对"动物福利"社会态度的调查研究》,《南京农业大学学报(社会科学版)》2013年第3期。

顾海英(2016)也发现相当一部分受访者对违反农场动物福利情景未表现出负面情绪[①],而崔力航等(2021)发现绝大多数受访者对违反农场动物福利情景能表现出负面情绪[②],说明随着时间推移,公众农场动物福利情感态度愈发积极。行为态度方面,与以往研究结论较为一致,均发现受访者普遍支持农场动物福利立法,且愿意为农场动物福利产品支付溢价,说明公众农场动物福利行为态度较为积极。[③④]

基于此,提出研究假设:

假设 H1:公众农场动物福利情感态度比行为态度和认知态度更积极。

二、态度的角色差异

根据有限理性理论可知,公众是介于完全理性和非完全理性之间的在一定限制下的理性。面对农场动物福利,公众除了出于经济动机购买畜产品以满足自身效用外,还会出于社会动机和道德动机而期待农场动物福利改善。

由于农场动物福利具有私人物品与公共物品双重属性,公众既是改善农场动物福利成本的承担者,又是改善农场动物福利效用的受益者,故对于农场动物福利而言,公众通常同时扮演着"消

① 王常伟、顾海英:《动物福利认知与居民食品安全》,《财经研究》2016 年第 12 期。

② 崔力航、李翠霞、包军、马翠萍、姜冰:《消费者对农场动物福利产品的支付意愿及影响因素研究——基于动物福利乳制品的视角》,《农业现代化研究》2021 年第 4 期。

③ 崔力航、李翠霞、包军、马翠萍、姜冰:《消费者对农场动物福利产品的支付意愿及影响因素研究——基于动物福利乳制品的视角》,《农业现代化研究》2021 年第 4 期。

④ Carnovale, F., Jin, X., Arney, D., Descovich, K., Guo, W., Shi, B. L., Phillips, C. J. C., "Chinese Public Attitudes towards, and Knowledge of, Animal Welfare", *Animals*, Vol.11, 2021, p.855.

费者—公民"双重角色。① 由于不同角色公众对农场动物福利的关注点不同,其对农场动物福利的态度也存在差异。具体而言,消费者角色更关注畜产品的质量、价格和口味等,故更看重农场动物福利对自身的效用,即私人物品属性;而公民角色更关注农场动物的饲养方式及其外部性问题等,故更看重农场动物福利对社会的效用,即公共物品属性。② 同时,不同角色公众农场动物福利态度的影响和功能也存在差异。消费者角色农场动物福利态度主要影响生产者行为,侧重发挥市场功能;而公民角色农场动物福利态度主要影响政府决策,侧重发挥市场功能。③ 以往研究指出,由于消费者角色在市场中的信息不对称地位和可能的搭便车行为,公众角色对农场动物福利态度通常比消费者角色更积极。④⑤

基于此,提出研究假设:

假设 H2:扮演公民角色时,公众农场动物福利态度比扮演消费者角色时更积极。

① Lusk, J.L., Norwood, F.B., "Animal Welfare Economics", *Applied Economic Perspectives and Policy*, Vol.33, 2011, pp.463-483.

② Clark, B., Stewart, G.B., Panzone, L.A., Kyriazakis, I., Frewer, L.J., "A Systematic Review of Public Attitudes, Perceptions and Behaviours towards Production Diseases Associated with Farm Animal Welfare", *Journal of Agricultural & Environmental Ethics*, Vol.29, 2016, pp.455-478.

③ Miranda-de la Lama, G.C., Estevez-Moreno, L.X., Sepulveda, W.S., Estrada-Chavero, M.C., Rayas-Amor, A.A., Villarroel, M., Maria, G.A., "Mexican Consumers' Perceptions and Attitudes towards Farm Animal Welfare and Willingness to Pay for Welfare Friendly Meat Products", *Meat Science*, Vol.125, 2017, pp.106-113.

④ Paul, A.S., Lusk, J.L., Norwood, F.B., Tonsor, G.T., "An Experiment on the Vote-Buy Gap with Application to Cage-Free Eggs", *Journal of Behavioral and Experimental Economics*, Vol.79, 2019, pp.102-109.

⑤ Uehleke, R., Huttel, S., "The Free-Rider Deficit in the Demand for Farm Animal Welfare-Labelled Meat", *European Review of Agricultural Economics*, Vol.46, 2019, pp.291-318.

三、态度的影响因素

（一）人口特征

1. 性别

学者们普遍发现，相比于男性，女性通常被认为更感性，更同情农场动物的处境。① 库萨拉等（Kupsala，2015）认为女性更关注农场动物的处境，对农场动物福利现状的评价比男性更负面，农场动物福利态度也更积极。② 皮洛等（Pirrone，2019）发现意大利女性兽医学生比男性兽医学生更支持改善动物福利。③ 兰德勒等（Randler，2021）调查了来自 22 个国家的 7914 名大学生对农场动物福利的态度，发现女性大学生的动物福利态度得分明显高于男性大学生。④ 威格姆等（Wigham，2020）调查了欧洲 215 名屠宰行业工作人员对农场动物福利的态度，发现女性比男性更认同农场动物是有价值的生命，且虐待农场动物使其感到不安。⑤ 嘉诺瓦莱等（2022）则发现中国女性公众倾向于将农场动物视为社会群

① Lutz, B.J., "Sympathy, Empathy, and the Plight of Animals on Factory Farms", *Society & Animals*, Vol.24, 2016, pp.250-268.

② Kupsala, S., Vinnari, M., Jokinen, P., Rasanen, P., "Citizen Attitudes to Farm Animals in Finland: A Population-Based Study", *Journal of Agricultural & Environmental Ethics*, Vol.28, 2015, pp.601-620.

③ Pirrone, F., Mariti, C., Gazzano, A., Albertini, M., Sighieri, C., Diverio, S., "Attitudes toward Animals and Their Welfare among Italian Veterinary Students", *Veterinary Sciences*, Vol.6, 2019, p.19.

④ Randler, C., Adan, A., Antofie, M.M., Arrona-Palacios, A., Candido, M., Boeve-de Pauw, J., Chandrakar, P., Demirhan, E., Detsis, V., Di Milia, L., et al., "Animal Welfare Attitudes: Effects of Gender and Diet in University Samples from 22 Countries", *Animals*, Vol.11, 2021, p.1893.

⑤ Wigham, E. E., Grist, A., Mullan, S., Wotton, S., Butterworth, A., "Gender and Job Characteristics of Slaughter Industry Personnel Influence Their Attitudes to Animal Welfare", *Animal Welfare*, Vol.29, 2020, pp.313-322.

体的一部分,农场动物福利态度更积极。①

2. 年龄

学者们关于年龄对公众农场动物福利态度的影响并未达成一致。库萨拉等(2013)调查了 1890 位芬兰公民对养殖鱼类福利的态度,发现年龄与动物福利态度存在负相关关系。② 万布伊等(Wambui,2018)调查了肯尼亚 226 名农场饲养员的动物福利态度,发现年长饲养员由于经验较为丰富,农场动物福利态度更积极。③ 兰德勒等(2021)则发现来自不同国家、不同年龄段的青少年农场动物福利态度并不存在显著差异④,赫莱斯基等(2005)在调查兽医学院教职工农场动物福利态度时,也得出了类似结论。⑤ 尤等(2014)发现相比于年长公众,年轻的中国公众对农场动物福利更了解,农场动物福利态度也更积极⑥,这一结论在普拉托等(2022)调查中国大学生农场动物福利态度时得到验证。⑦

---

① Carnovale, F., Xiao, J., Shi, B. L., Arney, D., Descovich, K., Phillips, C. J. C., "Gender and Age Effects on Public Attitudes to, and Knowledge of, Animal Welfare in China", *Animals*, Vol. 12, 2022, p.1367.

② Kupsala, S., Jokinen, P., Vinnari, M., "Who Cares about Farmed Fish? Citizen Perceptions of the Welfare and the Mental Abilities of Fish", *Journal of Agricultural & Environmental Ethics*, Vol.26, 2013, pp.119-135.

③ Wambui, J., Lamuka, P., Karuri, E., Matofari, J., "Animal Welfare Knowledge, Attitudes, and Practices of Stockpersons in Kenya", *Anthrozoos*, Vol.31, 2018, pp.397-410.

④ Randler, C., Ballouard, J. M., Bonnet, X., Chandrakar, P., Pati, A. K., Medina-Jerez, W., Pande, B., Sahu, S., "Attitudes toward Animal Welfare among Adolescents from Colombia, France, Germany, and India", *Anthrozoos*, Vol.34, 2021, pp.359-374.

⑤ Heleski, C.R., Mertig, A.G., Zanella, A.J., "Results of a National Survey of U.S. Veterinary College Faculty Regarding Attitudes toward Farm Animal Welfare", *Journal of the American Veterinary Medical Association*, Vol.226, 2005, pp.1538-1546.

⑥ You, X.L., Li, Y.B., Zhang, M., Yan, H.Q., Zhao, R.Q., "A Survey of Chinese Citizens' Perceptions on Farm Animal Welfare", *Plos One*, Vol.9, 2014, 编号为 e109177。

⑦ Platto, S., Serres, A., Jingyi, A., "Chinese College Students' Attitudes towards Animal Welfare", *Animals*, Vol.12, 2022, p.156.

3. 受教育程度

受教育程度对农场动物福利态度的显著正向影响已被大量证实。一般认为,受教育程度越高,公众掌握的农场动物福利信息和相关知识越多,农场动物福利态度更积极。赵和吴(Zhao 和 Wu,2011)在调查中国公众对动物福利支付意愿时,发现受教育程度更高的公众更支持动物福利立法。[①] 马萨斯等(Mazas,2013)比较了中学生和大学生对农场动物福利态度的差异,发现大学生对农场动物福利态度更积极。[②] 但奥斯托维奇等(Ostovic,2017)发现由于受教育程度更高的兽医学生接触和学习农场动物福利时间较长,对农场动物福利反而更不关心。[③] 严火其等(2013)发现受教育程度更高的中国公众更了解农场动物福利,而受教育程度较低的中国公众对违反农场动物福利情景更不关心。[④]

4. 家庭月收入

通常而言,高收入群体的环境保护意识和动物保护意识普遍较高。严火其等(2013)发现家庭月收入更高的公民更支持强制性动物福利立法,且更愿意为农场动物福利产品支付溢价[⑤],但奥斯托维奇等(2017)发现家庭月收入对兽医专业学生农场动物福

---

① Zhao, Y.J., Wu, S.S., "Willingness to Pay: Animal Welfare and Related Influencing Factors in China", *Journal of Applied Animal Welfare Science*, Vol.14, 2011, pp.150-161.

② Mazas, B., Manzanal, M.R.F., Zarza, F.J., Maria, G.A., "Development and Validation of a Scale to Assess Students' Attitude towards Animal Welfare", *International Journal of Science Education*, Vol.35, 2013, pp.1775-1799.

③ Ostovic, M., Mikus, T., Pavicic, Z., Matkovic, K., Mesic, Z., "Influence of Socio-Demographic and Experiential Factors on the Attitudes of Croatian Veterinary Students towards Farm Animal Welfare", *Veterinarni Medicina*, Vol.62, 2017, pp.417-428.

④ 严火其、李义波、尤晓霖、张敏、刘志萍、葛颖:《中国公众对"动物福利"社会态度的调查研究》,《南京农业大学学报(社会科学版)》2013 年第 3 期。

⑤ 严火其、李义波、尤晓霖、张敏、刘志萍、葛颖:《中国公众对"动物福利"社会态度的调查研究》,《南京农业大学学报(社会科学版)》2013 年第 3 期。

利态度影响不显著。[①] 肯德尔等(Kendall,2006)在调查美国俄亥俄州居民对动物福利的态度时,则发现经济困难的受访者往往更关心动物福利。[②]

5. 居住地点

公众农场动物福利态度受居住地点影响很大,且城市居民农场动物福利态度往往比农村居民更积极。奥斯托维奇等(2017)发现,相比于农村长大的克罗地亚兽医专业学生,在城市长大的学生对农场动物更有同理心。主要是因为城市学生与农场动物接触并建立关系的机会少于农村学生,且城市学生倾向于将动物视为伙伴和家庭成员。[③] 埃斯特维斯莫雷诺(2021)等同样发现墨西哥和西班牙的城市消费者更关心农场动物的福利状况。[④] 但史普纳等(2014)在调查加拿大居民农场动物福利态度时,则发现城市和农村居民农场动物福利态度差异不显著。[⑤]

6. 职业

威格姆等(2020)发现经常与哺乳动物一起工作的屠宰行业

---

① Ostovic, M., Mikus, T., Pavicic, Z., Matkovic, K., Mesic, Z., "Influence of Socio-Demographic and Experiential Factors on the Attitudes of Croatian Veterinary Students towards Farm Animal Welfare", *Veterinarni Medicina*, Vol.62, 2017, pp.417-428.

② Kendall, H., Lobao, L., Sharp, J., "Public Concern with Animal Well-being: Place, Social Structural Location, and Individual Experience", *Rural Sociology*, Vol.71, 2006, pp.399-428.

③ Ostovic, M., Mikus, T., Pavicic, Z., Matkovic, K., Mesic, Z., "Influence of Socio-Demographic and Experiential Factors on the Attitudes of Croatian Veterinary Students towards Farm Animal Welfare", *Veterinarni Medicina*, Vol.62, 2017, pp.417-428.

④ Estevez-Moreno, L.X., Maria, G.A., Sepulveda, W.S., Villarroel, M., Miranda-de la Lama, G.C., "Attitudes of Meat Consumers in Mexico and Spain about Farm Animal Welfare: a Cross-Cultural Study", *Meat Science*, Vol.173, 2021, 编号为108377。

⑤ Spooner, J. M., Schuppli, C. A., Fraser, D., "Attitudes of Canadian Citizens toward Farm Animal Welfare: A Qualitative Study", *Livestock Science*, Vol.163, 2014, pp.150-158.

从业人员对农场动物福利态度更积极。① 伊兹密尔利等(Izmirli,2014)在调查澳大利亚和土耳其兽医专业学生农场动物福利态度时,发现其职业规划显著影响农场动物福利态度。② 严火其等(2013)发现在政府和事业单位工作的公民更支持强制性农场动物福利立法。③ 玛丽亚(2006)调查发现职业是影响农场动物福利态度的重要因素,学生、兽医、农民和教授对农场动物福利态度明显比工人、退休人员和失业人员积极。④

基于此,提出研究假设:

假设 H3:人口特征显著影响公众农场动物福利态度;

假设 H3a:女性公众农场动物福利态度比男性更积极;

假设 H3b:年龄对公众农场动物福利态度存在显著负向影响;

假设 H3c:受教育程度对公众农场动物福利态度存在显著正向影响;

假设 H3d:家庭月收入对公众农场动物福利态度存在显著正向影响;

假设 H3e:居住在城镇的公众农场动物福利态度比居住在农村的公众更积极;

假设 H3f:不同职业的公众农场动物福利态度存在显著差异。

---

① Wigham, E.E., Grist, A., Mullan, S., Wotton, S., Butterworth, A., "Gender and Job Characteristics of Slaughter Industry Personnel Influence Their Attitudes to Animal Welfare", *Animal Welfare*, Vol.29, 2020, pp.313-322.

② Izmirli, S., Yigit, A., Phillips, C. J. C., "Attitudes of Australian and Turkish Students of Veterinary Medicine toward Nonhuman Animals and Their Careers", *Society & Animals*, Vol.22, 2014, pp.580-601.

③ 严火其、李义波、尤晓霖、张敏、刘志萍、葛颖:《中国公众对"动物福利"社会态度的调查研究》,《南京农业大学学报(社会科学版)》2013 年第 3 期。

④ Maria, G. A., "Public Perception of Farm Animal Welfare in Spain", *Livestock Science*, Vol.103, 2006, pp.250-256.

（二）个体经历

个体经历主要是指饲养农场动物的经历。马滕斯等（2019）调查比利时和荷兰高中生对农场动物福利态度时，发现与动物接触越多的学生，动物福利态度越积极。[①] 库萨拉等（2015）发现拥有饲养农场动物经历的公众农场动物福利态度更积极[②]，皮洛等（2019）在调查意大利兽医专业学生动物福利态度时，也得出了相同结论。[③]

基于此，提出研究假设：

假设 H4：农场动物饲养经历对公众农场动物福利态度存在显著正向影响。

（三）饮食习惯

饮食习惯被认为与农场动物福利态度具有显著关联。肯德尔（2006）发现素食习惯者更关心农场动物福利，这与素食习惯者的世界观和价值观有关。[④] 奥斯托维奇等（2017）、雷等（Ly，2021）均发现素食习惯者农场动物福利态度比杂食习惯者更积极，兰德勒

① Martens, P., Hansart, C., Su, B.T., "Attitudes of Young Adults toward Animals-The Case of High School Students in Belgium and The Netherlands", *Animals*, Vol.9, 2019, p.88.

② Kupsala, S., Vinnari, M., Jokinen, P., Rasanen, P., "Citizen Attitudes to Farm Animals in Finland: A Population-Based Study", *Journal of Agricultural & Environmental Ethics*, Vol.28, 2015, pp.601-620.

③ Pirrone, F., Mariti, C., Gazzano, A., Albertini, M., Sighieri, C., Diverio, S., "Attitudes toward Animals and Their Welfare among Italian Veterinary Students", *Veterinary Sciences*, Vol.6, 2019, p.19.

④ Kendall, H., Lobao, L., Sharp, J., "Public Concern with Animal Well-Being: Place, Social Structural Location, and Individual Experience", *Rural Sociology*, Vol.71, 2006, pp.399-428.

等(2021)也得出类似结论。[①②③]

基于此,提出研究假设:

假设 H5:素食习惯对公众农场动物福利态度存在显著正向影响。

(四)信息获取

辛克莱等(Sinclair,2018)发现农场动物福利负面报道会引起公众负面情绪[④],而里瑟等(Rice,2020)发现农场动物福利负面报道几乎不影响公众农场动物福利态度[⑤],克拉克等(Clark,2016)还发现农场动物福利事件关注度也会显著影响公众农场动物福利态度。[⑥]

基于此,提出研究假设:

假设 H6:农场动物福利事件或报道关注度对公众农场动物福利态度存在显著正向影响。

---

① Ostovic, M., Mikus, T., Pavicic, Z., Matkovic, K., Mesic, Z., "Influence of Socio-Demographic and Experiential Factors on the Attitudes of Croatian Veterinary Students towards Farm Animal Welfare", *Veterinarni Medicina*, Vol.62, 2017, pp.417-428.

② Ly, L. H., Ryan, E. B., Weary, D. M., "Public Attitudes toward Dairy Farm Practices and Technology Related to Milk Production", *Plos One*, Vol.16, 2021, 编号为 e0250850。

③ Randler, C., Adan, A., Antofie, M.M., Arrona-Palacios, A., Candido, M., Boeve-de Pauw, J., Chandrakar, P., Demirhan, E., Detsis, V., Di Milia, L., et al., "Animal Welfare Attitudes: Effects of Gender and Diet in University Samples from 22 Countries", *Animals*, Vol.11, 2021, p.1983.

④ Sinclair, M., Derkley, T., Fryer, C., Phillips, C.J.C., "Australian Public Opinions Regarding the Live Export Trade before and after an Animal Welfare Media Exposé", *Animals*, Vol.8, 2018, p.106.

⑤ Rice, M., Hemsworth, L. M., Hemsworth, P. H., Coleman, G. J., "The Impact of a Negative Media Event on Public Attitudes towards Animal Welfare in the Red Meat Industry", *Animals*, Vol.10, 2020, p.619.

⑥ Clark, B., Stewart, G.B., Panzone, L.A., Kyriazakis, I., Frewer, L.J., "A Systematic Review of Public Attitudes, Perceptions and Behaviours towards Production Diseases Associated with Farm Animal Welfare", *Journal of Agricultural & Environmental Ethics*, Vol.29, 2016, pp.455-478.

四、态度形成的层级效应

态度的3个维度结构是协调一致的，通过相互作用形成态度。根据态度客体和态度主体所处情境不同，三者相互作用的逻辑顺序存在差异，呈现出影响机制多元化的层级效应，包括标准学习层级、低介入层级和经验层级。[①] 其中，在标准学习层级中，公众掌握较多农场动物福利相关信息，态度形成遵循“认知态度→情感态度→行为态度”的顺序；在低介入层级中，公众掌握较少农场动物福利相关信息，且对农场动物福利没有情感偏好，态度形成遵循“认知态度→行为态度→情感态度”的顺序；在经验层级中，公众掌握较少农场动物福利相关信息，且对农场动物福利具有明显情感偏好，态度形成遵循“情感态度→行为态度→认知态度”的顺序。

基于有限理性假设，结合公众对农场动物福利认知不足的现实背景可知：由于农场动物福利主要源于人类伦理道德考虑，公众作为有限理性的“社会人”，在面对农场动物福利时，往往并非积极寻求相关信息作出理性判断，而是直接形成积极的道德情绪，对农场动物产生共情，即在个人价值观念基础上凝练形成情感态度；但由于农场动物福利与公众短期切身利益关系不大，公众即便形成情感态度，也缺乏实际行动力，当情感态度活跃到足以驱动公众产生行为倾向或意愿时，公众才形成行为态度；由于被动获取的农场动物福利相关信息有限，公众对农场动物福利只形成初步了解，仍需主动搜寻和积累相关信息，才能形成认知态度。基于此，提出研究假设：

① 瞿忠琼、鹿艺鸣：《探寻公众感知的本质与迭代逻辑》，《自然辩证法研究》2016年第4期。

假设 H7:公众农场动物福利态度形成遵循“情感态度→行为态度→认知态度”的经验层级;

假设 H7a:行为态度在情感态度对认知态度的影响中发挥中介作用。

具体分析框架如图 6-1 所示。

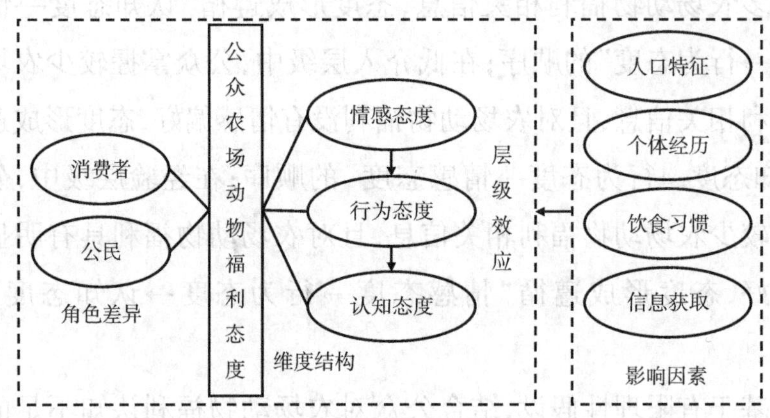

图 6-1　公众农场动物福利态度分析框架

资料来源:笔者根据研究思路自行设计的框架图。

第三节　中国农场动物福利公众态度的多维测度

一、研究设计

(一)问卷设计

被解释变量为公众农场动物福利态度。公众农场动物福利态度可根据维度结构分为认知态度、情感态度和行为态度,也可根据角色定位分为消费者角色态度和公众角色态度，故需一系列题项进行综合衡量。所有题项均是在参考以往研究设计的成熟量表的基础上，结合中国农场动物福利发展实际情况编制而成。其中，认知态度方面，参考严火其等（2013）、埃斯特维斯莫雷诺等（2021）和嘉诺瓦莱（2021）等的研究，从基本概念、重要程度和功能效用3个方面设计6个题项；[①②③]情感态度方面，参考王常伟和顾海英（2016）、崔力航等（2021）和普拉托等（2022）的研究，从人畜共情角度设计4个题项；[④⑤⑥]行为态度方面，参考崔力航等（2021）和埃斯特维斯莫雷诺等（2021）的研究，从认证标签、改善成本、立法诉求和培训教育4个方面设计8个题项。[⑦⑧] 题项均采用李克特五级量表法进行测度，具体题项见表6-1。

为确保研究结果的可靠性和有效性，对上述18个题项进行信度和效度检验。结果显示，消费者角色认知态度、情感态度和行为态度的克隆巴赫系数（Cronbach's α）依次为0.706、0.781和

① 严火其、李义波、尤晓霖、张敏、刘志萍、葛颖：《中国公众对"动物福利"社会态度的调查研究》，《南京农业大学学报（社会科学版）》2013年第3期。

② Estevez-Moreno，L.X.，Maria，G.A.，Sepulveda，W.S.，Villarroel，M.，Miranda-de la Lama，G.C.，"Attitudes of Meat Consumers in Mexico and Spain about Farm Animal Welfare：A Cross-Cultural Study"，*Meat Science*，Vol.173，2021，编号为108377。

③ Carnovale，F.，Jin，X.，Arney，D.，Descovich，K.，Guo，W.，Shi，B.L.，Phillips，C.J.C.，"Chinese Public Attitudes towards，and Knowledge of，Animal Welfare"，*Animals*，Vol.11，2021，p.855.

④ 王常伟，顾海英：《动物福利认知与居民食品安全》，《财经研究》2016年第12期。

⑤ 崔力航、李翠霞、包军、马翠萍、姜冰：《消费者对农场动物福利产品的支付意愿及影响因素研究——基于动物福利乳制品的视角》，《农业现代化研究》2021年第4期。

⑥ Platto，S.，Serres，A.，Jingyi，A.，"Chinese College Students' Attitudes towards Animal Welfare"，*Animals*，Vol.12，2022，p.156.

⑦ 崔力航、李翠霞、包军、马翠萍、姜冰：《消费者对农场动物福利产品的支付意愿及影响因素研究——基于动物福利乳制品的视角》，《农业现代化研究》2021年第4期。

⑧ Estevez-Moreno，L.X.，Maria，G.A.，Sepulveda，W.S.，Villarroel，M.，Miranda-de la Lama，G.C.，"Attitudes of Meat Consumers in Mexico and Spain about Farm Animal Welfare：A Cross-Cultural Study"，*Meat Science*，Vol.173，2021，编号为108377。

0.767，公民角色认知态度、情感态度和行为态度的克隆巴赫系数依次为0.729、0.792和0.769，量表总体克隆巴赫系数为0.833，均大于0.7，通过了信度检验；KMO统计值为0.862，大于0.8，Bartlett球形检验值为2555.997，显著性为0.000，通过了效度检验。因此，题项设计合理，具有较好的信度和效度。

表6-1 测量题项与权重系数

角色定位	维度结构	题项
消费者	认知态度	我了解农场动物福利畜产品较普通畜产品的优点
		我认为畜产品的农场动物福利属性是重要的
		我认为改善农场动物福利对畜产品质量和人体健康是有益的
	情感态度	我认为快乐的农场动物可以生产出质量更好的畜产品
		我认为农场动物遭受痛苦会导致生产出的畜产品质量下降
	行为态度	我支持对农场动物福利产品进行认证并加贴标签
		我愿意为农场动物福利产品支付溢价
		我支持惩罚违反农场动物福利理念的养殖、运输和屠宰主体
		我支持对养殖、运输和屠宰主体进行农场动物福利培训
公民	认知态度	我了解农场动物福利的概念
		我认为改善农场动物福利对于社会、经济和生态是重要的
		我认为改善农场动物福利对食品安全和保护环境是有益的
	情感态度	我认为工人用脚踢并用铁管打奶牛是残忍的
		我认为在狭小空间大量饲养蛋鸡是不人道的
	行为态度	我支持制定农场动物福利国家标准
		我支持政府采用补贴政策激励各主体改善农场动物福利
		我支持出台农场动物福利相关法律法规
		我支持开展农场动物福利专业教育和通识教育

（二）数据来源

数据来源于2021年7—8月以网络问卷平台为载体开展的网络调研。借鉴刘增金等（2014）的做法，在问卷的起首设置强化信息，使受访者对农场动物福利有一定了解，强化信息为“农场动物福利是指农场动物在养殖、运输、屠宰过程中得到良好的照顾，提供适当的营养、环境条件,科学地善待动物,正确地处置动物,减少动物的痛苦和应激反应,提高动物的生存质量和健康水平"。[①] 具体调研程序如下:首先,进行预调研。在团队老师的帮助下,在其授课班级组织学生在课堂上填写问卷,并在问卷末尾设置填空题,收集受访者对问卷的意见和建议,问卷共收回216份。其次,修改和完善问卷。根据意见和建议对问卷进行修改和完善,使公众农场动物福利态度的题项更通俗易懂。最后,进行正式调研。组织团队成员及团队老师授课班级的学生将电子问卷链接发送至微信朋友圈、社会类微信群和QQ群,通过发放红包的方式扩大样本范围,并通过陷阱题、最短时间限制等措施提高问卷质量。调研共发放4000份问卷,人工剔除数据缺失和逻辑错误的无效问卷后,最终获得有效问卷3726份,问卷有效率达93.15%。

就样本分布来看,受访者性别分布均匀,男女性别比为104.04;受访者以18—40岁的中青年人为主,占比接近60%;受访者受教育程度普遍为大专及以上,占比超过50%;家庭月收入在8000元以上的受访者占比接近60%;大多数受访者居住在城镇,占比为64.92%,受访者涉及各行各业,以非公共部门职业为主,占比超过50%;受访者居住地区覆盖全国31个省(自治区、直辖市),其中,东北地区受访者最多,西北地区受访者最少,占比分别为21.83%和8.64%。与第七次全国人口普查结果相比,样本的性别和居住地点较为接近,但样本的年龄偏小、受教育程度和家庭月收入偏高,这可能与调研地点的人口分布特征有关。根据以往研究可知,年龄偏小、受教育程度和家庭月收入偏高的公众是农场动

① 刘增金、乔娟、李秉龙:《消费者对可追溯牛肉的支付意愿及其影响因素分析——基于北京市的实地调研》,《中国农业大学学报》2014年第6期。

物福利这一新理念的主要受众，符合创新扩散理论，故整体而言，样本具有一定代表性和广泛性（见表6-2）。①②

表6-2 受访者基本统计特征

统计特征	分类指标	样本量（个）	比例（%）	统计特征	分类指标	样本量（个）	比例（%）
性别	男性	1900	50.99	居住地点	城镇	2419	64.92
	女性	1826	49.01		农村	1307	35.08
年龄	18—20岁	288	7.73	职业	无业失业	105	2.82
	21—30岁	1121	30.09		学生	770	20.67
	31—40岁	755	20.26		农民	526	14.12
	41—50岁	857	23.00		自主经营	828	22.22
	51—60岁	401	10.76		企业	600	16.10
	61—80岁	304	8.16		事业单位	326	8.75
受教育程度	小学及以下	512	13.74		公务员	258	6.92
	初中	556	14.92		离休退休	313	8.40
	高中（中专）	544	14.60	居住地区	华北地区	468	12.56
	大专	734	19.70		东北地区	813	21.83
	本科	1048	28.13		华东地区	537	14.41
	研究生	332	8.91		华中地区	546	14.65
家庭月收入	4000元及以下	745	19.99		华南地区	502	13.47
	4001—8000元	785	21.07		西南地区	538	14.44
	8001—12000元	932	25.01		西北地区	322	8.64
	12001—16000元	767	20.59				
	16000元以上	497	13.34				

二、中国农场动物福利公众态度分析

根据受访者回答情况，得到量表得分均值和标准差如表6-3所示。总体而言，公众态度量表得分均值高于3.4，且标准差接近

① 崔力航、李翠霞、包军、马翠萍、姜冰：《消费者对农场动物福利产品的支付意愿及影响因素研究——基于动物福利乳制品的视角》，《农业现代化研究》2021年第4期。

② 严火其、李义波、尤晓霖、张敏、刘志萍、葛颖：《中国公众对"动物福利"社会态度的调查研究》，《南京农业大学学报（社会科学版）》2013年第3期。

0.32,说明受访者农场动物福利态度比较积极,但仍有较大提升空间,且不同受访者之间农场动物福利态度存在一定差异。

表 6-3　受访者农场动物福利态度的统计分析情况

类型	均值	标准差
公众态度	3.408	0.319
认知态度	2.499	0.023
情感态度	4.016	0.017
行为态度	3.709	0.219
消费者角色态度	3.221	0.259
公民角色态度	3.595	0.198

一方面,从不同维度结构来看,受访者认知态度的量表得分均值低于2.5,且标准差高于0.02,说明受访者对农场动物福利的认知程度不足;受访者情感态度的量表得分均值高于4,且标准差低于0.02,说明受访者对农场动物福利表现出积极的情感认同;受访者行为态度的量表得分均值高于3.7,且标准差高于0.2,说明受访者对农场动物福利的行为倾向较弱。因此,公众农场动物福利态度不同维度结构的量表得分均值由高到低依次为:情感态度>行为态度>认知态度,假设H1得到验证。另一方面,从不同角色定位来看,消费者角色态度的量表得分均值低于3.3,且标准差高于0.25,而公民角色态度的量表得分均值接近3.6,且标准差低于0.2,说明扮演公民角色时,公众农场动物福利态度比扮演消费者角色时更积极,假设H2得到验证。具体到各题项,调研结果显示:

认知态度方面,83.17%的受访者不了解农场动物福利畜产品较普通畜产品的优点,81.62%的受访者不了解农场动物福利概念,主要是因为农场动物福利作为新理念,公众掌握农场动物福利相关知识较少,普遍不了解农场动物福利基本概念。38.20%的受访者认同改善农场动物福利对于社会、经济和生态是重要的,12.38%的受访者认同畜产品的农场动物福利属性是重要的,说明公民角色对农场动物福利重要程度的了解程度比消费者角色更好,可能是因为消费者角色在作出购买决策时,更关注畜产品的新鲜度和口感等,而非农场动物福利属性。[①] 公民角色对农场动物福利的功能效用认知水平高于消费者角色,71.60%的受访者认同改善农场动物福利对食品安全和保护环境是有益的,62.39%的受访者认同改善农场动物福利对畜产品质量和人体健康是有益的。

情感态度方面,大多数消费者角色认同农场动物的情感和感觉会影响畜产品质量,67.52%的受访者认同快乐的农场动物可以生产出质量更好的畜产品,69.59%的受访者认同农场动物遭受痛苦会导致生产出的畜产品质量下降。大多数公民角色反对违反农场动物福利的饲养方式,78.91%的受访者认为工人用脚踢并用铁管打奶牛是残忍的,76.84%的受访者认为在狭小空间大量饲养蛋鸡是不人道的。公众农场动物福利情感态度来源于人类对动物的共情能力,即人类个体对动物处境及其心理感同身受的能力,是人类普遍具有、与生俱来的能力。[②]

行为态度方面,农场动物福利具备信任品属性,53.82%的受访者支持对农场动物福利产品进行认证并加贴标签以消除信息不对称,55.69%的受访者支持制定农场动物福利国家标准以完善认

① 韩纪琴、张懿琳:《消费者对动物福利支付意愿影响因素的实证分析——以未去势猪肉为例》,《消费经济》2015年第1期。

② 潘彦谷、刘衍玲、冉光明、雷浩、马建苓、滕召军:《动物和人类的利他本性:共情的进化》,《心理科学进展》2013年第7期。

证体系。部分公众并不愿承担农场动物福利改善成本，而倾向于选择“搭便车”行为，19. 23%的受访者不愿意为农场动物福利产品支付溢价，27. 71%的受访者不支持政府采用补贴政策激励各主体改善农场动物福利。农场动物福利既是一个道德问题，也是一个法律问题，66. 55%的受访者支持出台农场动物福利相关法律法规，70. 82%的受访者支持惩罚违反农场动物福利理念的供应链主体。中国尚未形成成熟的农场动物福利教育体系，仅有一些农业院校开设了农场动物福利课程，而在义务教育阶段几乎没有与农场动物福利有关的通识课程，一些大型养殖企业开始对供应链主体进行农场动物福利培训，并公开披露相关信息，但公众对农场动物福利培训教育敏感程度相对较低，56. 56%的受访者支持对供应链主体进行农场动物福利培训，58. 49%的受访者支持开展农场动物福利专业教育和通识教育（见表 6-3）。

第四节 中国农场动物福利公众态度的影响因素分析

一、研究方法

（一）模型构建

为便于比较分析和回归分析，对计算结果进行归一化处理后，得到公众农场动物福利态度的总体得分、各维度结构得分和不同角色定位得分。由于被解释变量的取值范围在 0—1，属于受限变量，故构建 Tobit 模型分析公众农场动物福利态度的影响因素，具体形式如下：

$$Y^* = \alpha + \sum_{j=1}^{n} \beta_j X_j + \varepsilon \qquad (6-1)$$

$$Y = \begin{cases} Y^*, & 若 Y^* > 0 \\ 0, & 若 Y^* \leqslant 0 \end{cases} \qquad (6-2)$$

式(6-1)和式(6-2)中：Y^* 为受访者农场动物福利态度得分；α 为常数项；β_j 为影响因素的待估参数，$j=1,2,\cdots,n$；X_j 为农场动物福利态度的影响因素；ε 为随机扰动项，$\varepsilon \sim N(0,\sigma^2)$；$Y$ 为 Y^* 的观测变量。

（二）变量选取

1. 被解释变量

为克服主观赋权法的主观随意性和客观赋权法对数据过分依赖而偏离实际等问题，采用层次分析法和熵值法相结合的组合赋权法确定题项的主观权重和客观权重，并采用乘法合成法确定题项的组合权重，具体权重见表 6-4。

表 6-4 测量题项的权重系数

角色定位	维度结构	主观权重	客观权重	组合权重
消费者	认知态度	0.0364	0.0789	0.05061
		0.0386	0.0511	0.03476
		0.0651	0.0572	0.06562
	情感态度	0.0733	0.0313	0.04043
		0.0749	0.0243	0.03208
	行为态度	0.0522	0.1041	0.09576
		0.0686	0.1258	0.15209
		0.0612	0.0546	0.05889
		0.0623	0.0626	0.06873

续表

角色定位	维度结构	主观权重	客观权重	组合权重
公民	认知态度	0.0256	0.0282	0.01272
		0.0384	0.0364	0.02463
		0.0662	0.0292	0.03407
	情感态度	0.0475	0.0268	0.02243
		0.0403	0.0251	0.01783
	行为态度	0.0639	0.0974	0.10968
		0.0655	0.0826	0.09535
		0.0671	0.0225	0.02661
		0.0529	0.0619	0.05771

2. 解释变量

解释变量为公众农场动物福利态度的影响因素，包括人口特征、个体经历、饮食习惯和信息获取 4 个方面。人口特征方面，以性别、年龄、受教育程度、家庭月收入、居住地点和职业衡量；个体经历方面，参考库萨拉等（2015）的研究，以是否饲养过农场动物衡量；[①]饮食习惯方面，参考张翠玲等的研究，以食物消费结构衡量；[②]信息获取方面，参考王常伟和顾海英（2014）的研究，以农场动物福利事件或报道关注度衡量。[③] 具体变量赋值情况见表 6-5。

① Kupsala, S., Vinnari, M., Jokinen, P., Rasanen, P., "Citizen Attitudes to Farm Animals in Finland: A Population-Based Study", *Journal of Agricultural & Environmental Ethics*, Vol.28, 2015, pp.601-620.

② 张翠玲、强文丽、牛叔文、王睿、张赫、成升魁、李凡：《基于多目标的中国食物消费结构优化》，《资源科学》2021 年第 6 期。

③ 王常伟、顾海英：《基于消费者层面的农场动物福利经济属性之检验：情感直觉或肉质关联?》，《管理世界》2014 年第 7 期。

表 6-5 变量含义及赋值说明

变量类型及名称	变量含义及赋值	均值	标准差
被解释变量			
公众农场动物福利态度	受访者农场动物福利态度得分	0.501	0.319
解释变量			
性别	男性=1,女性=0	0.510	0.500
年龄	18岁—20岁=1,21岁—30岁=2,31岁—40岁=3,41岁—50岁=4,51岁—60岁=5,61岁—80岁=6	3.235	1.397
受教育程度	小学及以下=1,初中=2,高中(中专)=3,大专=4,本科=5,研究生=6	3.603	1.568
家庭月收入	4000元及以下=1,4001—8000元=2,8001—12000元=3,12001—16000元=4,16000元以上=5	2.862	1.316
居住地点	城镇=1,农村=0	0.649	0.477
职业	无业失业=1,学生=2,农民=3,自主经营=4,企业=5,事业单位=6,公务员=7,离休退休=8	4.241	1.909
是否饲养过农场动物	是=1,否=0	0.198	0.398
食物消费结构	植物性食物为主=1,动植物食物平衡=2,动物性食物为主=3	1.583	0.654
农场动物福利事件或报道关注度	几乎不关注=1,不太关注=2,一般=3,比较关注=4,非常关注=5	2.409	1.383

二、中国农场动物福利公众态度的影响因素分析

(一)结果分析

为深层剖析公众农场动物福利态度的影响因素,将模型(1)—(6)的被解释变量依次设定为公众态度、认知态度、情感态度、行为态度、消费者角色态度和公民角色态度。为避免多重共线性问题,采用方差膨胀因子(VIF)对所有模型进行多重共线性检验,结果显示平均方差膨胀因子最大为1.92,均远小于10,说明不

存在明显的多重共线性问题。拟合优度检验结果显示所有模型的似然比统计量(LR chi^2)均显著,说明模型整体拟合效果较好。考虑到不同地区间公众对农场动物福利态度可能会受社会经济发展和文化习俗等宏观因素影响,故控制了地区固定效应。由于侧重分析公众农场动物福利态度的影响因素,故以模型(1)的估计结果为基准,结合模型(2)—(6)的估计结果作进一步分析,估计结果见表6-6。

性别的系数在模型(1)、(3)和(5)中均显著为负,说明女性公众农场动物福利态度更积极,与库萨拉等(2015)的结论一致。[①] 一般而言,女性比男性更感性,更易产生情感联想和情感表达,故女性公众对农场动物拥有更多同情心,情感态度也更积极。同时,女性往往是家庭食物主要购买者,出于食品安全考虑,女性对农场动物的福利状况及其对畜产品质量的影响更敏感,故女性消费者角色态度也更积极。

年龄的系数在模型(1)和(3)中均显著为负,说明年轻公众农场动物福利态度更积极,与王常伟和顾海英(2016)等的主要观点一致。[②] 相比于老年人,年轻人更愿意尝试和接受新鲜事物,也更容易对新鲜事物产生好感,面对农场动物福利这一新理念,年轻公众表现出更积极的态度。同时,年轻人接触动物尤其是宠物的机会比老年人更多,更容易对农场动物产生共情,情感态度也更积极。

受教育程度的系数在模型(1)、(2)、(4)、(5)和(6)中均显著

---

① Kupsala, S., Vinnari, M., Jokinen, P., Rasanen, P., "Citizen Attitudes to Farm Animals in Finland: A Population-Based Study", *Journal of Agricultural & Environmental Ethics*, Vol.28, 2015, pp.601-620.

② 王常伟、顾海英:《动物福利认知与居民食品安全》,《财经研究》2016年第12期。

为正，说明受教育程度越高的公众对农场动物福利的态度越积极，与严火其等(2013)表达的观点类似。[①] 受教育程度越高的公众，一定意义上知识面越宽泛，对畜牧业发展和农场动物福利相关问题的理解更深入，掌握如何促进畜牧业发展和改善农场动物福利的相关信息和知识也越多，认知态度和行为态度也越积极。此外，受教育程度越高，公众动物保护责任意识越高，眼界也更长远，更能意识到改善农场动物福利对自身和社会的长远效益与重要性，无论是作为消费者角色还是公民角色，其农场动物福利态度都更积极。

家庭月收入的系数在模型(5)中显著为正，在模型(3)和(4)中显著为负，但在模型(1)中不显著，说明家庭月收入不是影响公众农场动物福利态度的重要因素。家庭月收入通常代表公众的经济地位，根据社会分层理论的弱势假说可知，经济弱势群体倾向于将农场动物同样视为弱势群体，对农场动物表现出更多的关心与同情，并希望采取一系列措施改善农场动物福利，情感态度和行为态度也更积极。[②] 随着收入的提高，消费者对畜产品的关注点由基本的数量需求转向更高的质量要求，由于改善农场动物福利能提高畜产品质量，家庭月收入更高的消费者角色自然对农场动物福利表现出更积极的态度。尽管如此，家庭月收入并不显著影响公众对农场动物福利态度，这可能与公众对农场动物福利认知普遍不足，导致认知态度不够积极有关。

居住地点的系数在模型(1)、(3)、(4)、(5)和(6)中均显著为正，说明居住在城镇的公众农场动物福利态度更积极，与奥斯托维

① 严火其、李义波、尤晓霖、张敏、刘志萍、葛颖：《中国公众对“动物福利”社会态度的调查研究》，《南京农业大学学报(社会科学版)》2013 年第 3 期。

② Kendall, H., Lobao, L., Sharp, J., “Public Concern with Animal Well-being: Place, Social Structural Location, and Individual Experience”, *Rural Sociology*, Vol.71, 2006, pp.399-428.

奇(2017)等的观点类似。[①] 畜牧业地理位置多处于农村和郊区,居住在城镇的公众往往并不了解农场动物的真实福利状况,加之居住在城镇的公众更向往与自然和谐相处,故居住在城镇的公众更关心和同情农场动物,并希望改善农场动物福利,情感态度和行为态度也更积极。相比之下,畜牧业可能是部分居住在农村的公众的主要收入来源,其更关心农场动物的营利情况而非福利情况,加之居住在农村的公众习惯了原有与农场动物的相处方式,且更了解改善农场动物福利所需付出的成本,改变当前农场动物生产方式的意愿较弱,故情感态度和行为态度不够积极。此外,居住在城镇的公众受教育程度和家庭月收入普遍更高,食品安全和动物保护意识更强,接受新理念相对容易,扮演"消费者—公民"双重角色时,农场动物福利态度也更积极。

职业的系数在所有模型中均不显著,说明职业不是影响公众对农场动物福利态度的重要因素。调研结果显示,在所有职业中,职业为学生的受访者的量表得分均值最高,农场动物福利态度最积极,而职业为农民的受访者的量表得分均值最低,农场动物福利态度最有待改善。一方面,根据创新扩散理论可知,学生群体普遍具有年龄较小、受教育程度较高、经济压力较小、价值取向多元化、思想活跃、创新能力强、热爱新鲜事物和敢于表达观点等特征,属于农场动物福利理念传播过程中的"早期采纳者"扩散受体,故职业为学生的公众农场动物福利态度最积极。[②] 另一方面,根据差

---

① Ostovic, M., Mikus, T., Pavicic, Z., Matkovic, K., Mesic, Z., "Influence of Socio-Demographic and Experiential Factors on the Attitudes of Croatian Veterinary Students towards Farm Animal Welfare", *Veterinarni Medicina*, Vol.62, 2017, pp.417-428.

② 刘超、张婷、文勇智:《农村消费者汽车下乡产品购买行为研究——以创新扩散理论为基础》,《西南交通大学学报(社会科学版)》2014 年第 3 期。

别职业理论可知，无论是否将畜牧业作为主要生计，在当前共享的乡村文化背景下，农民大多将农场动物视为一种可供开发和利用的自然资源，而非被保护的对象，故职业为农民的公众农场动物福利态度最有待改善。[①]

是否饲养过农场动物的系数在模型(4)中显著为负，但在模型(1)中不显著，说明是否饲养过农场动物不是影响公众农场动物福利态度的重要因素。拥有饲养农场动物经历的公众通常对农场动物福利情况有更直观的认识和更深入的理解，对改善农场动物福利的成本和难度也有更客观的判断。根据计划行为理论可知，知觉行为控制与行为意愿呈正相关，故饲养过农场动物的公众，可能会由于认为改善农场动物福利成本较高、难以实现，其改善农场动物福利的行为倾向不明显，行为态度也更消极。

食物消费结构的系数在模型(5)中显著为正，但在模型(1)中不显著，说明食物消费结构不是影响公众农场动物福利态度的重要因素。动物性食物在食物消费结构中比例越大的公众，往往越关注畜产品质量安全情况，越希望通过改善农场动物福利提高畜产品质量安全情况，消费者角色态度越积极。尽管在以植物性食物为主的公众中，不乏一些极端的素食主义者，将饮食习惯上升至动物权利和社会公正等伦理道德层面，但由于占比极小，其农场动物福利态度与其他食物消费结构的公众之间差异并不显著。

农场动物福利事件或报道关注度的系数在模型(3)和(4)中显著为正，但在模型(1)中不显著，说明农场动物福利事件或报道关注度不是影响公众农场动物福利态度的重要因素。在社会心理

① 范叶超、洪大用：《差别暴露、差别职业和差别体验　中国城乡居民环境关心差异的实证分析》，《社会》2015年第3期。

学领域,已有大量研究证实,信息感知、处理和加工是态度形成的前提。[①] 尽管积极的正面信息在农场动物福利事件和报道中占有一定比例,但根据前景理论可知,由于绝大多数公众属于风险规避类型,由于"负面偏差"效应的存在,农场动物福利事件和报道中存在的虐待动物及忽视农场动物福利带来的恶劣影响等负面信息对公众态度的影响更大,故对农场动物福利事件或报道越关注的公众,获取到的相关负面信息越多,越关心和同情农场动物,越希望改善农场动物福利,情感态度和行为态度越积极。然而,农场动物福利事件或报道关注度并不显著影响公众对农场动物福利态度,主要原因有两方面:一是受经济发展水平和社会文化环境等因素制约,媒体对农场动物福利事件或报道的长期曝光较少,公众难以持续获取相关信息;二是当前农场动物福利事件或报道中缺少对农场动物福利的科普宣传和知识教育,导致公众认知态度不够积极。综上,假设 H3、H3a、H3b、H3c、H3e 得到部分验证(见表 6-6)。

表 6-6　公众农场动物福利态度影响因素估计结果

变量	模型(1)	模型(2)	模型(3)	模型(4)	模型(5)	模型(6)
性别	-0.0967*** (0.0228)	-0.0110 (0.0276)	-0.0965*** (0.0201)	-0.0434 (0.0271)	-0.0632** (0.0263)	-0.0184 (0.0307)
年龄	-0.0630*** (0.0167)	-0.0135 (0.0203)	-0.0546*** (0.0147)	-0.0232 (0.0199)	0.0250 (0.0195)	-0.0188 (0.0225)
受教育程度	0.0576*** (0.0139)	0.0602*** (0.0169)	0.0157 (0.0122)	0.0546*** (0.0166)	0.0436*** (0.0161)	0.0609*** (0.0187)
家庭月收入	0.0091 (0.0127)	0.0057 (0.0153)	-0.0264** (0.0111)	-0.0343** (0.0150)	0.0492*** (0.0146)	0.0219 (0.0170)

① 岑咏华、王晓书、万青、陶琳玲:《个体信息认知处理与态度形成机制的实证研究》,《管理学报》2016 年第 6 期。

续表

变量	模型(1)	模型(2)	模型(3)	模型(4)	模型(5)	模型(6)
居住地点	0.0709*** (0.0152)	0.0251 (0.0183)	0.0466*** (0.0133)	0.0511*** (0.0181)	0.0436** (0.0174)	0.0612*** (0.0204)
职业	0.0102 (0.0118)	0.0213 (0.0142)	0.0047 (0.0103)	0.0152 (0.0140)	0.0185 (0.0136)	0.0250 (0.0158)
是否饲养过农场动物	0.0192 (0.0157)	0.0134 (0.0191)	-0.0206 (0.0137)	-0.0431** (0.0187)	-0.0072 (0.0179)	0.0276 (0.0212)
食物消费结构	-0.0155 (0.0170)	0.0079 (0.0184)	0.0067 (0.0133)	0.0181 (0.0181)	0.0436*** (0.0174)	-0.0307 (0.0205)
农场动物福利事件或报道关注度	0.0196 (0.0120)	0.0084 (0.0145)	0.0280*** (0.0105)	0.0474*** (0.0142)	0.0092 (0.0137)	0.0215 (0.0161)
地区固定效应	已控制	已控制	已控制	已控制	已控制	已控制
常数项	0.4441*** (0.1072)	0.4843*** (0.1301)	0.5007*** (0.0948)	0.4769*** (0.1272)	0.4281*** (0.1252)	0.4693*** (0.1441)
样本量	3726	3726	3726	3726	3726	3726
Log likelihood	2894.67	2348.28	2804.36	2650.61	2952.74	2374.27
LR chi^2	1161.89***	941.61***	1153.28***	1105.25***	1179.34***	942.20***
Prob>chi^2	0.0000	0.0000	0.0000	0.0000	0.0000	0.0000
Pseudo R^2	0.2897	0.1510	0.2594	0.2361	0.2946	0.1284

注：***、** 和 * 分别表示在1%、5%和10%的显著性水平下显著；括号内为标准误。

（二）稳健性检验

为排除实证结果的随机性和偶然性，对上述结论进行稳健性检验。首先，为消除数据异常值对模型估计结果的干扰，避免个别受访者持有极端态度，在5%和95%分位点对样本进行缩尾处理，并重新采用Tobit模型进行回归，估计结果见模型(7)。其次，由于乘法合成法可能无法说明主客观权重相乘的意义与合理性，故采用极差最大化组合赋权法代替乘法合成法确定题项的组合权重，并重新采用Tobit模型进行回归，估计结果见模型(8)。最后，为保证不同维度结构、角色定位下公众农场动物福利态度的同等重要性、避免不同维度因权重差异造成估计结果偏误，采用等权重法代替组合赋权法，以量表得分均值衡量被解释变量，并重新采用普通最小二乘法模型进行回归，估计结果见模型(9)。结果显示，模型(7)—(9)的估计结果与模型(1)基本一致，表明基准回归的估计结果是稳健的(见表6-7)。

表6-7 基准回归的稳健性检验结果

变量	模型(7)	模型(8)	模型(9)
性别	-0.0422** (0.0213)	-0.0765*** (0.0245)	-0.2643*** (0.0736)
年龄	-0.0326** (0.0156)	-0.0564*** (0.0179)	-0.1529*** (0.0537)
受教育程度	0.0386*** (0.0131)	0.0511*** (0.0151)	0.1263*** (0.0453)
家庭月收入	0.0161 (0.0136)	0.0174 (0.0156)	0.0550 (0.0470)
居住地点	0.0509*** (0.0156)	0.0484*** (0.0180)	0.1495*** (0.0540)
职业	0.0087 (0.0117)	0.0058 (0.0135)	0.0506 (0.0404)
是否饲养过农场动物	0.0183 (0.0148)	0.0138 (0.0170)	0.0576 (0.0510)
食物消费结构	-0.0201 (0.0160)	-0.0134 (0.0184)	0.0518 (0.0551)
农场动物福利事件或报道关注度	0.0177 (0.0117)	0.0141 (0.0135)	0.0194 (0.0404)
地区固定效应	已控制	已控制	已控制
常数项	0.4349*** (0.1063)	0.4469*** (0.1222)	3.2631*** (0.3668)
样本量	3726	3726	3726
Log likelihood	2901.87	2811.95	
LR chi2	1169.72***	1156.58***	
Prob>chi2	0.0000	0.0000	

续表

变量	模型(7)	模型(8)	模型(9)
Pseudo R2	0.2723	0.2696	
F(9,3716)			85.63***
Prob>F			0.0000
R2			0.8491
Adj R2			0.8088

注：***、** 和 * 分别表示在 1%、5%和 10%的显著性水平下显著；括号内为标准误。

第五节　中国农场动物福利公众态度的层级效应

一、研究方法

为验证公众农场动物福利态度形成的层级效应，明确认知态度、情感态度和行为态度相互作用的逻辑顺序，构建中介效应模型，具体形式如下：

$$COG = \alpha_0 + \sum_{j=1}^{n} \alpha_{1j} X_j + \alpha_2 AFF + \mu_1 \tag{6-3}$$

$$BEH = \beta_0 + \sum_{j=1}^{n} \beta_{1j} X_j + \beta_2 AFF + \mu_2 \tag{6-4}$$

$$COG = \gamma_0 + \sum_{j=1}^{n} \gamma_{1j} X_j + \gamma_2 AFF + \gamma_3 BEH + \mu_3 \tag{6-5}$$

式(6-3)、式(6-4)和式(6-5)中：COG、AFF 和 BEH 分别为受访者农场动物福利认知态度、情感态度和行为态度得分；α_0、β_0 和 γ_0 为常数项；α_{1j}、α_2、β_{1j}、β_2、γ_{1j}、γ_2 和 γ_3 为影响因素的待估参数，$j = 1,2,\cdots,n$；X_j 为农场动物福利态度的影响因素；μ_1、μ_2

和 μ_3 为随机扰动项。具体检验步骤如下:第一步,检验待估参数 α_2,若显著则进行第二步,否则终止检验;第二步,检验待估参数 β_2 和 γ_3,若均显著则进行第三步,若有 1 个不显著则进行第四步,若均不显著则中介效应不显著;第三步,检验待估参数 γ_2,若显著且存在 $\gamma_2 < \alpha_2$ 则为部分中介作用,若不显著则为完全中介效应;第四步,进行 Sobel 检验,若 Sobel Z 统计量显著则为部分中介效应,若不显著则中介效应不显著。

二、中国农场动物福利公众态度的层级效应

(一)结果分析

中介效应检验结果如表 6-8 所示。首先,将模型(10)的被解释变量设定为认知态度,用于检验情感态度对认知态度的直接影响,结果显示情感态度的系数在 1%的显著性水平下显著为正。其次,将模型(11)和(12)的被解释变量分别设定为行为态度和认知态度,用于检验行为态度在情感态度对认知态度影响中的间接影响,结果显示模型(11)中情感态度的系数和模型(12)中行为态度的系数均在 1%的显著性水平下显著为正。最后,比较模型(10)和模型(12)的估计结果,发现情感态度的系数在 1%的显著性水平下显著为正,且在引入中介变量行为态度后,情感态度对认知态度的影响减弱。因此,上述结果表明:公众农场动物福利态度形成遵循“情感态度→行为态度→认知态度”的经验层级,行为态度在情感态度对认知态度影响中发挥部分中介作用,且认知态度的间接效应占情感态度对认知态度影响总效应的比重为 41.45%,假设 H7 和 H7a 得到验证。

这意味着公众农场动物福利态度形成过程中，认知态度的形成来自情感态度和行为态度两方面，这可以用道德判断的双过程理论解释。道德判断的双过程理论认为道德判断既包含一个快速、无意识的情感系统，又包含一个慢速、有意识的认知系统，二者存在竞争机制，处于优势的系统会作出相应判断。农场动物福利作为道德问题，公众在作出道德判断时，由于共情能力的存在促使情感系统占据主导地位，并形成情感态度；而当认知态度形成时，认知系统占据主导地位，情感态度会通过情感系统起到拓宽感知视野、选择感知路径的作用，促进认知态度形成。①②

表 6-8　中介效应检验结果

变量	模型(10)	模型(11)	模型(12)
被解释变量	认知态度	行为态度	认知态度
情感态度	0.4133*** (0.1004)	0.5663*** (0.0939)	0.2411*** (0.1087)
行为态度			0.3041*** (0.0793)
解释变量	已控制	已控制	已控制
地区固定效应	已控制	已控制	已控制
样本量	3726	3726	3726
Loglikelihood	2563.54	2537.27	2576.44
$LRchi^2$	1160.75***	1138.69***	1163.33***
$Prob>chi^2$	0.0000	0.0000	0.0000
$PseudoR^2$	0.2435	0.2396	0.2459

注：*** 表示在 1%的显著性水平下显著；括号内为标准误。

① Greene, J.D., Morelli, S.A., Lowenberg, K., Nvstrom, L.E., Cohen, J.D., "Cognitive Load Selectively Interferes with Utilitarian Moral Judgment", *Cognition*, Vol.107, 2008, pp.1144-1154.

② 喻丰、彭凯平、韩婷婷、柴方圆、柏阳：《道德困境之困境——情与理的辩争》，《心理科学进展》2011 年第 11 期。

（二）稳健性检验

1.检验方法

考虑到逐步回归法和 Sobel 法因检验效力不足而受到批评和质疑，故采用检验效力更高的偏差校正的非参数百分位 Bootstrap 法进行稳健性检验。

偏差校正的非参数百分位 Bootstrap 法检验步骤如下：

步骤一：以原样本（样本容量为 n）为基础，在保证每个观察单位每次被抽到的概率相等（均为 $1/n$）的情况下进行有放回的重复抽样，得到 1 个样本容量为 n 的 Bootstrap 样本。

步骤二：由步骤一中得到的 Bootstrap 样本计算出相应的中介效应估计值 $\widehat{ab}$。

步骤三：重复步骤一和步骤二若干次，记为 B，一般情况下 $B \geqslant 1000$，将 B 个中介效应估计值 $\widehat{ab}$ 按数值大小排序，得到序列 C。

步骤四：根据 B 个中介效应估计值 $\widehat{ab}$ 的均值求得中介效应的点估计值 $\widehat{ab}^*$，得到 $\widehat{ab}^*$ 在序列 C 中的百分比排位。那么，$\widehat{ab} < \widehat{ab}^*$ 的概率为 $\Phi(Z_0)$。

步骤五，在标准正态累积分布函数中，根据 $\Phi(Z_0)$ 求得相应的 Z_0 值，那么，$2Z_0 \pm Z_{a/2}$ 在标准正态累积分布函数中对应的概率为 $\Phi(2Z_0 \pm Z_{a/2})$，用 $\Phi(2Z_0 \pm Z_{a/2})$ 在序列 C 中的百分位值作为置信区间的上、下置信限，构建置信度为 $1-a$ 的中介效应置信空间。如果置信区间不包括 0，说明中介效应存在，若置信区间包括 0，则说明中介效应不存在。

2. 检验结果

设定重复抽样 1000 次,结果如表 6-9 所示。总效应、直接效应和间接效应分别为 0. 3760、0. 2104 和 0. 1656,且 95%置信区间均不包含 0,进一步支持了中介效应检验结果。

表 6-9 中介效应检验的稳健性检验结果

效应	效应值	标准误	95%置信区间	
			下限	上限
总效应	0. 3760	0. 0846	0. 1684	0. 5836
直接效应	0. 2104	0. 0639	0. 1056	0. 3152
间接效应	0. 1656	0. 0259	0. 0802	0. 2510

第六节 结论与讨论

提升公众农场动物福利态度是实现通过改善农场动物福利、实施福利型畜禽健康养殖模式来保障优质畜产品有效供给、推进畜牧业现代化进程的基本前提。本书基于全国 31 个省(自治区、直辖市)3726 份问卷调查数据,引入三维态度理论,比较分析不同维度结构、角色定位下公众态度的差异,构建 Tobit 模型剖析公众态度的影响因素,并进一步构建中介效应模型探究公众态度形成的层级效应,得出以下结论:

第一,公众农场动物福利态度比较积极,但仍有较大提升空间,且不同个体之间农场动物福利态度存在一定差异。第二,公众农场动物福利态度由认知态度、情感态度和行为态度 3 个维度构成,其量表得分均值由高到低依次为:情感态度>行为态度>认知态度，即公众对农场动物福利表现出积极的情感认同，但对农场动物福利的认知程度不足且行为倾向较弱。第三，对于农场动物福利而言，公众同时扮演着“消费者—公民”双重角色，公众在扮演公民角色时，农场动物福利态度比消费者角色更积极。第四，人口特征、个体经历、饮食习惯和信息获取是影响公众农场动物福利认知态度、情感态度和行为态度的重要因素，且不同性别、年龄、受教育程度和居住地点的公众农场动物福利态度差异显著，女性、年龄较小、受教育程度较高、居住在城镇的公众农场动物福利态度更积极。第五，公众农场动物福利态度形成遵循“情感态度→行为态度→认知态度”的经验层级，行为态度在情感态度对认知态度的影响中发挥部分中介作用。

基于上述结论，为提升公众农场动物福利态度，提出以下对策建议：

第一，营造关注农场动物福利的社会氛围，培育公众情感态度。一方面，持续推进媒体宣传。将改善农场动物福利融入生态文明建设，以新闻报道、主题采访、公益广告等形式在传统媒体持续传播农场动物福利理念、及时报道负面典型案例和热点事件，以信息推送、话题讨论、视频短片等形式借助新媒体创造公众关注和参与农场动物福利的舆论环境。另一方面，积极开展社会宣传。联合卫生部门、环保部门和畜牧部门策划农场动物福利主题宣传活动和实践活动，重点培养女性、受教育程度较高、家庭月收入较高、居住在城镇、食物消费结构以动物性食物为主的消费者的畜产品健康消费行为习惯，树立受教育程度较高、居住在城镇的公民的农场动物福利保护意识，提升女性、年龄较小、家庭月收入较高、居住在城镇、比较关注农场动物福利事件或报道的公众的保护农场动物福利素养。

第二,完善农场动物福利法律制度,激发公众行为态度。首先,制定符合国情的农场动物福利法律法规。将制定农场动物福利法列入立法机构工作计划,在开展大量实际调研、广泛听取民意和适度借鉴国外立法经验的基础上,立足中国现实国情,明确农场动物福利法的立法目的、适用范围、基本制度和法律责任,并以较为缓和的方式推进农场动物福利立法。同时,鼓励畜牧业优势区根据畜牧业发展特点,围绕农场动物福利制定地方性法规或政府规章,并在畜牧大县启动实施试点工作。其次,建立农场动物福利标准体系。联合卫生部门、畜牧部门、科研院校、行业组织和企业等多主体成立农场动物福利标准工作组,结合国际组织、跨国企业、主要贸易国家和地区的农场动物福利标准,围绕猪、牛、羊、禽等主要畜种,制定符合中国畜牧业发展现实的、覆盖农场动物繁育、养殖、运输、屠宰和加工全产业链环节的农场动物福利推荐性国家标准,在涉及食品安全、畜牧兽医行业的强制性国家标准中增补农场动物福利相关内容。再次,实施农场动物福利标签认证制度。成立非营利性的农场动物福利认证机构,承担审查、评定、管理、监督和咨询工作,遵循自愿性原则引导企业申请和加贴农场动物福利认证标签。此外,以受教育程度较高、家庭月收入较高、居住在城镇、饲养过农场动物、比较关注农场动物福利事件或报道的公众为重点人群,开展普法宣传活动和制度宣传活动。

第三,加强农场动物福利教育,提高公众认知态度。首先,开展农场动物福利学校教育。在农林类大专院校和科研院所开设专门的农场动物福利专业课程,组织学生和科研人员共同接受理论教学和实践培训。其次,开展农场动物福利社会教育。在畜牧兽医相关企事业单位建立针对从业人员的农场动物福利技能培训和资质考核制度，提升其农场动物福利保护意识，丰富其农场动物福利知识储备。最后，以受教育程度较高的公众为重点人群，开展农场动物福利全民科普。线上方面，依托网络媒体平台持续发布具备科学性、知识性和趣味性的农场动物福利相关科普作品、热点事件、科技成果和专家解读等信息。线下方面，在公园、广场和大型商超等人流密集场所，开展农场动物福利科普讲座活动，鼓励有条件的科技馆、动物园和观光牧场等设立“农场动物福利开放日”，通过设立展板、发放手册和播放视频等方式科普农场动物福利现状、科学知识和改善措施等。

第四，出台农场动物福利激励政策，降低“消费者—公民”成本负担。一方面，提供合理的补贴方案。针对全产业链各环节主体，国家和各级政府应结合当地畜禽繁育、养殖、运输、屠宰和加工实际成本与利润情况，将农场动物福利改善程度与补贴政策挂钩，根据畜种、经营规模和标签认证情况提供合理的多元化、差异化补贴方案，包括直接资金补贴、设备购买补贴、参与政府推广项目、税收减免和产销对接服务等。另一方面，提供适当的技术支持。为全产业链各环节主体提供改善农场动物福利的技术培训和指导，通过宣传展示栏、观摩考察和公益讲座等形式帮助其获得提升农场动物福利的实践技能和操作规范，并定期邀请专家学者对农场动物福利法律法规、标准体系和认证标签制度进行专业解读。此外，积极探索“企业/合作社+农户”等合作共赢模式，鼓励企业为供应链前端提供资金和技术支持。

第七章　中国农场动物福利的生产者决策行为

第一节　中国农场动物福利经济效益分析

我国现有文献中关于动物福利相关研究主要集中在三个方面:第一,从动物科学角度研究动物福利的描述性指标,多以动物医学、动物营养学和动物行为学等角度为切入点;第二,从社会学角度研究动物福利的法理和伦理;第三,从经济学的角度研究如何应对西方动物福利贸易壁垒,以经验推断为主。国内现有文献尚未查询到探讨规模化养殖场动物福利与经济效益关系的文献。本书选择规模化养殖场奶牛福利经济效益为研究对象,重点实证检验规模化养殖场奶牛福利水平与经济效益的关系。

一、分析框架

构建嵌入奶牛福利指数的规模化养殖场原料奶收入函数,运用成本收益理论,通过实地调研和非结构化访谈的方式搜集数据,将奶牛福利水平作为影响规模化养殖场经济效益的自变量，构建计量模型检验奶牛福利水平等解释变量对规模化养殖场经济效益的影响程度。依据经典的柯布—道格拉斯（Cobb-Douglas）生产函数，构建基于奶牛福利指数介入下的影响规模化养殖场原料奶收入的 Tobit 回归模型。被解释变量为规模化养殖场原料奶收入；解释变量为规模化养殖场生产者特征类因素、家庭经营特征类因素、生产投入类要素、外部制度类因素和奶牛福利指数，假设上述自变量对规模化养殖场原料奶收入的高低和方向存在显著性差异，进而验证奶牛福利水平等解释变量对规模化养殖场经济效益的影响程度（见图 7-1）。

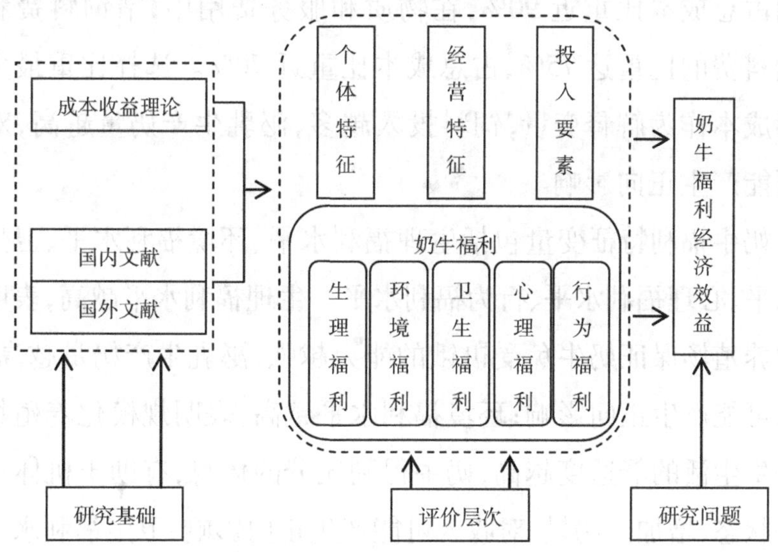

图 7-1　规模化养殖场奶牛福利经济效益逻辑框架

二、研究假说

经营者个体特征变量包括性别、年龄和受教育程度。鉴于传统文化影响，男性参与生产经营的机会相对较多，对收入可能产生正向影响;经营者年龄越大,其养殖经历和市场经验越丰富,对收入可能产生正向影响;经营者受教育程度越高,其学习能力越强、经营能力越易提升,对收入可能产生正向影响。

生产经营特征变量包括养殖规模、从业年限。养殖规模越大,成本分摊越小,规模效益越显著,对收入可能产生正向影响;从业年限越久,积累的经营能力、社会资本和货币资本越多,抗风险能力越强,对收入可能产生正向影响。

投入要素特征变量主要指饲料成本。依据《全国农产品成本收益资料汇编》,奶牛养殖总成本主要由生产成本和土地成本构成,生产成本包括物质和服务费用与人工成本,其中,物质和服务费用占总成本比重近 90%,在物质和服务费用中,精饲料费和青粗饲料费的比重达 75%,占总成本比重近 70%。选择比重最大的饲料成本作为解释变量,饲料投入越多,泌乳牛产奶量越高,对收入可能产生正向影响。

奶牛福利特征变量包括生理福利水平、环境福利水平、卫生福利水平、心理福利水平、行为福利水平。生理福利水平越高,表明规模化养殖场保证奶牛免受饥饿的能力越强,泌乳牛产奶量越高,对收入可能产生正向影响;环境福利水平越高,表明规模化养殖场保证奶牛生活的舒适度越高,奶牛得到充分的休息,有助于机体达到最好状态,增加产奶量,对收入可能产生正向影响;卫生福利水平越高,表明规模化养殖场保证奶牛健康的能力越强,奶牛病死伤率降低,产奶量增加,对收入可能产生正向影响;心理福利水平越高,表明规模化养殖场奶牛的恐惧和悲伤的精神状态出现得越少,奶牛身体机能越好,产奶量越高,对收入可能产生正向影响;行为福利水平越高,表明规模化养殖场奶牛天性表达越自由,异常、应激和侵略行为相对较少，奶牛身体机能越好，产奶量越高，对收入可能产生正向影响。

三、数据来源与模型估计

（一）数据来源

为深入研究规模化养殖场奶牛福利经济效应，笔者及调研团队于 2019 年 3—5 月完成了《规模化养殖场奶牛福利对经济效益影响》调研问卷的设计和预调研，修改完善问卷，通过 2019 年 5—8 月对黑龙江省 150 家泌乳牛存栏量大于 500 头的规模化奶牛养殖场的实地调研，获得相应数据。

（二）模型构建与估计

1. 模型构建

根据研究目标，以规模化养殖场原料奶收入作为被解释变量，并采用对数形式进入模型。将数据进行对数化处理，既有利于序列中异方差的有效消除，也可以有效降低调查数据的波动性，将模型转化为线性模型进行分析研究。通过对原料奶收入和饲料成本取对数，建立多元线性回归模型，具体模型为：

$$\ln(Income_i) = \alpha_1 + \alpha_2\ln(Cost_i) + \alpha_3 Edu + \alpha_4 Age + \alpha_5 Male + \alpha_6 Scale + \alpha_7 Year + \alpha_8\ln(Phy) + \alpha_9\ln(Env) + \alpha_{10}\ln(Hea) + \alpha_{11}\ln(Psy) + \alpha_{12}\ln(Beh) + \varepsilon \tag{7-1}$$

式（7-1）中，α_1 为待估常数项，α_2 — α_{12} 为待估系数，ε 为随机误差。

2. 变量设置

鉴于上述研究,本书在构建规模化养殖场奶牛福利经济效益的计量经济模型时,选择了 4 类共 12 个变量。变量的名称、解释及其预期影响方向(见表 7-1)。

表 7-1 模型变量示意说明

变 量			定义变量	均值	标准差	预期方向
解释变量	个体特征	性别	女=0,男=1	0.920	0.271	+
		年龄	30 岁及以下=1,31—40 岁=2,41—50 岁=3,51—60 岁=4	2.453	0.906	+
		受教育程度	初中及以下=1,中专=2,高中=3,大专及以上=4	3.073	0.909	+
	生产经营特征	养殖规模	500—650 头=1,651—800 头=2,801—950 头=3,950 头及以上=4	2.230	0.867	+
		从业年限	1 年—3 年=1,4 年—6 年=2,7 年—9 年=3,10 年及以上=4	2.320	0.975	+
	投入要素特征	饲料投入	饲料投入(万元)自然对数	7.151	7.159	+
	动物福利特征	奶牛福利	连续变量(1—10)自然对数	2.059	0.814	+
		生理福利	连续变量(1—10)自然对数	2.144	0.976	+
		环境福利	连续变量(1—10)自然对数	2.004	0.806	+
		卫生福利	连续变量(1—10)自然对数	1.888	0.914	+
		心理福利	连续变量(1—10)自然对数	1.899	0.812	+
		行为福利	连续变量(1—10)自然对数	1.931	0.826	+
被解释变量	经济效益变量	原料奶收入	收入(万元)自然对数	8.079	7.913	

注:饲料成本=产奶期(305 天)×日消耗量×泌乳牛存栏量,其中,日消耗量为泌乳期饲料食用均值。实地调研中,每头泌乳牛日饲料成本处于 50—64 元。

3. 模型估计

对150家规模化养殖场的数据进行向前筛选策略的多元线性回归处理，得到了规模化养殖场奶牛福利经济效益影响的估计结果。调整的 R^2 = 0.856，说明方程的拟合优度较好；回归方程显著性检验的概率 P 值=0.000，说明被解释变量与解释变量间的线性关系显著。其中，生理福利、环境福利、卫生福利和行为福利对规模化奶牛养殖场经济效益有积极影响作用，同时，受教育程度、养殖规模和饲料成本也对牧场经济效益有显著影响；而性别、年龄、从业年限和心理福利对规模化养殖场经济效益影响不显著（见表7-2和表7-3）。

表7-2　规模化养殖场奶牛福利经济效益影响的最终模型

变量类型		非标准化系数		标准系数	*t*	*Sig*
		系数B	标准误差	试用版		
个体特征	受教育程度	0.168	0.078	0.067	1.764	0.026
生产经营特征	养殖规模	0.146	0.056	0.059	1.386	0.000
投入要素特征	饲料成本	0.987	0.045	0.736	9.742	0.000
动物福利特征	奶牛福利	0.194	0.089	0.088	2.025	0.024
	生理福利	0.473	0.155	0.146	3.354	0.000
	环境福利	0.327	0.046	0.131	4.127	0.000
	卫生福利	0.436	0.227	0.097	1.965	0.040
	行为福利	0.143	0.074	0.094	2.687	0.012
常量		0.625	0.459		2.742	0.006

表7-3　已从模型中排除的变量

变量类型		Beta In	*t*	*Sig*	偏相关	共线性统计量容差
个体特征	性别	0.006	0.124	0.745	0.007	0.741
	年龄	0.053	1.351	0.216	0.072	0.953
生产经营特征	从业年限	0.047	0.752	0.426	0.059	0.837
动物福利特征	心理福利	0.065	0.731	0.486	0.055	0.735

四、结论与分析

首先,在个体特征因素中,受教育程度对规模化养殖场原料奶收入有显著影响,且在显著性水平α =0.05 上有显著影响,即受教育水平每上升一个等级,收入平均增长 16.8%,与假设一致。在个体特征因素中,性别和年龄对规模化养殖场原料奶收入没有显著影响,性别对收入没有显著影响的可能原因是女性参与牧场管理的比率不断加大,其社会关系网络建立、资金筹措能力和经营能力不断提升,性别在生产经营中的作用不断弱化;年龄对收入没有显著影响可能是因为奶牛养殖业属于过腹增值的畜牧产业,随着消费者对乳制品质量安全的需求日益增加,技术创新和管理创新是大规模奶牛养殖场必须具备的核心竞争力,势必要求有管理技能和技术技能的生产决策者,年龄越大,养殖经验丰富,并不意味着技术和管理的先进。

其次,在生产经营特征因素中,养殖规模对规模化养殖场原料奶收入有显著影响,且在显著性水平α =0.01 上有显著影响,养殖规模每扩大一个等级,收入平均增长 14.6%,与假设一致。在生产经营特征因素中,从业年限对规模化养殖场原料奶收入没有显著影响,可能原因是近年来,在国家政策支持下,大规模养殖场不断涌出,与从业年限的经验相比较而言,专业化的管理者和规模化、系统化、精细化的管理方式更为重要。

再次,在投入要素特征因素中,饲料投入对规模化养殖场原料奶收入有显著影响,且在显著性水平α =0.01 上有显著影响,饲料投入每增加 1%,收入平均增长 0.987%,与假设一致。

最后,在动物福利特征要素中,奶牛福利总体水平、生理福利水平、环境福利水平、卫生福利水平和行为福利水平对规模化养殖场原料奶收入有显著影响，与假设一致。其中，生理福利水平、环境福利水平在显著性水平$\alpha=0.01$上有显著影响，生理福利水平和环境福利水平每增加1%，收入平均增长分别为0.473%和0.327%，奶牛福利总体水平、卫生福利水平和行为福利水平在显著性水平$\alpha=0.05$上有显著影响，奶牛福利总体水平、卫生福利水平和行为福利水平每增加1%，收入平均增长分别为0.194%、0.436%和0.143%。生理福利和卫生福利影响程度较大。心理福利水平对规模化养殖场原料奶收入没有显著影响，原因可能是受访者对动物心理福利认知度低，在科学测量上与其他四种福利相比较而言，难度较大。

第二节 中国农场动物福利实施意愿分析

我国学者对农场动物福利决策动因的研究处于起步阶段，关于农场动物福利决策的研究并不多见，现有研究多以生产者对动物源产品的安全生产决策为切入点。本书选择规模化奶牛养殖场生产经营者为研究对象，通过实地调研和非结构化访谈的方式搜集数据，识别生产经营者奶牛福利实施意愿的关键因素，扩大奶牛福利实施的内生需求，寻求基于生产决策优化的规模化养殖场奶牛福利提升途径。

一、分析框架

构建生产经营者奶牛福利实施意愿的归因模型，将生产经营者奶牛福利的实施意愿作为被解释变量，假设影响生产经营者奶牛福利实施意愿的变量为个体特征类变量、规模化养殖场生产经营特征、生产经营者对不同奶牛福利要素的认知特征类变量、规模化养殖场外部政策环境特征类变量及市场需求特征类变量等5类解释变量，运用Logit模型，分析生产经营者奶牛福利实施意愿及其引致性因素，挖掘各类特征变量对生产经营者奶牛福利实施意愿的边际效应（见图7-2）。

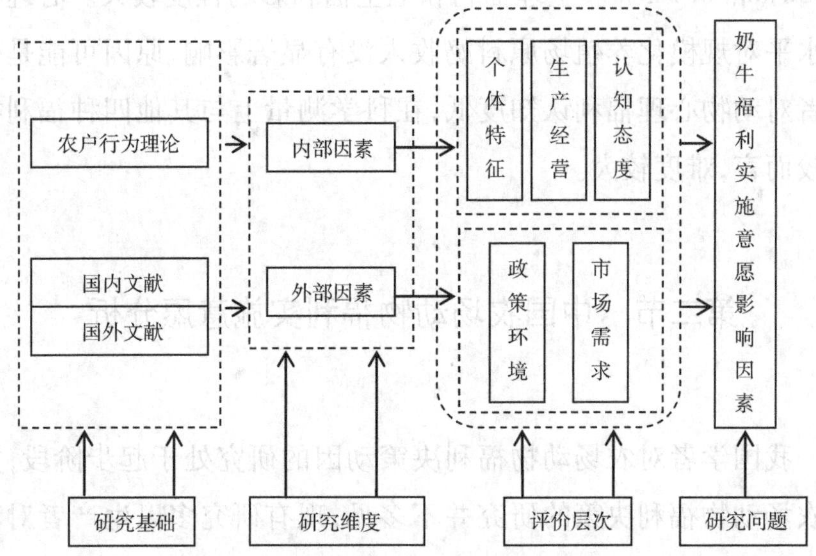

图7-2 奶牛福利实施意愿影响因素逻辑框架

二、研究假说

决策者特征变量包括性别、年龄和文化程度。理论分析与实践表明，规模化养殖场决策者年龄越大，养殖观念越固化，较难改变原养殖行为，实施福利养殖的可能性越小；决策者文化程度越高，接受新事物的能力越强，对福利养殖的内容和价值认知越高，实施福利养殖的可能性越大；相对于男性决策者，女性决策者通常是风险规避型，实施福利养殖的倾向不明显。

生产经营特征变量包括收入、养殖规模、从业年限。其中,收入为规模化养殖场泌乳牛原料奶销售收入,养殖规模为规模化养殖场泌乳牛存栏头数。理论分析与实践表明,规模化养殖场收入越高,决策者对养殖场投入的资金、技术、设备和人力的资源越多,实施福利养殖的可能性越大;规模化养殖场养殖规模越大,奶牛饲喂专用资产越多,为了规避经营风险和市场风险,实施福利养殖的可能性越大;规模化养殖场决策者从业年限越多,对福利养殖和原料奶品质的内在关系以及对行业发展趋势越明晰,实施福利养殖的可能性越大。

认知态度特征变量包括对生理福利认知,即奶牛应该享有不受饥渴的自由;环境福利认知,即奶牛应该享有生活舒适的自由;卫生福利认知,即奶牛应该享有不受痛苦伤害的自由;心理福利认知,即奶牛应该享有生活无恐惧和悲伤感的自由;行为福利认知,即奶牛应该享有表达天性行为的自由。规模化养殖场决策者对奶牛福利五个维度对养殖业发挥积极作用的认知程度越高,实施福利养殖的可能性越大。

外部政策环境特征变量包括政府扶持、政府监察。政府相关部门大力宣传奶牛福利对奶牛养殖业的积极效益,并给予资金、技术、政策的扶持,决策者实施福利养殖的可能性越大;政府相关部门强化对养殖场环境、卫生、饲喂方面的检查,决策者实施福利养殖的可能性越大。

市场需求特征变量包括消费者认知、增加收益。消费者对福利养殖的认知程度越高,以及对福利养殖下牛奶制品的支付意愿越高,会促进规模化养殖场决策者实施福利养殖的可能性越大;规模化养殖场决策对实施福利养殖后的预期收益越高,实施福利养殖的可能性越大(见图 7-3)。

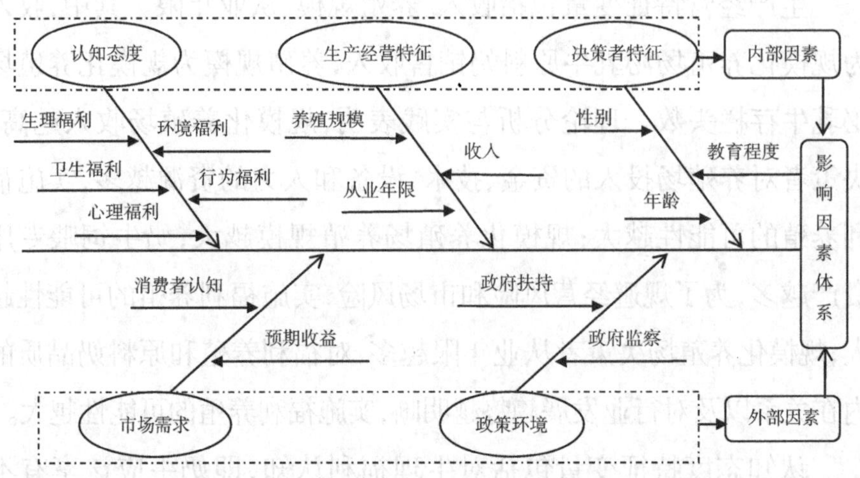

图 7-3 规模化养殖场奶牛福利实施意愿影响因素变量体系

三、数据来源与描述性分析

（一）数据来源

为了深入地研究生产者奶牛福利实施意愿，笔者及调研团队于2019年3—5月完成了《规模化养殖场奶牛福利实施意愿》调研问卷的设计和预调研，修改完善问卷，2017年5—8月对存在缺失或歧义数据的观测点实施复检，完成数据库建设。鉴于动物福利实施对养殖场基础设施建设和养殖主体的要求较高，养殖场规模越大，相对实施动物福利的可能性越高，为了使研究结论更具参考价值，本书参考《全国农产品成本收益资料汇编》关于饲养业品种规模分类标准，选择大规模奶牛养殖场作为调研样本，即存栏量Q大于500头，由于奶牛养殖场是以泌乳牛产奶为主要收益，故选择黑龙江省150家泌乳牛存栏量大于500头的奶牛养殖场作为调研样本，主要采访对象是规模化养殖场运营场长。通过实地调研和非结构化访谈的方式搜集数据，调研人员在调研前进行了培训，在对调研问卷题目详细讲解基础上，要求调研人员在对被调查者进行调查时，禁止刻意地强调某些内容或者帮助、引导被调查者作出选择，避免调研人员的主观言论对被调查者产生干扰。

（二）描述性分析

1. 规模化养殖场奶牛福利实施意愿

在150份有效调查问卷中，有89家规模化奶牛养殖场决策者表示愿意实施奶牛福利，占样本比例59.33%，说明目前多数规模化养殖场愿意实施奶牛福利。在调查过程中发现，决策者实施奶牛福利主要受福利认知态度和经济因素影响。多数决策者对“动物福利”的概念不清楚，在进行分类解释后，决策者表示，福利实施势必会增加运营成本，增加企业经营风险。

2. 规模化养殖场决策者基本特征

受访规模化养殖场决策者男性138人，占样本比例92.00%，决策者趋于年轻化，年龄主要集中在31—40岁之间，决策者普遍接受过基础教育，且接受过大中专教育的决策者占样本比例的70.00%（见表7-4）。

表7-4 受访规模化养殖场决策者基本特征

统计特征	分类指标	样本数(个)	比例(%)
性别	男	138	92.00
	女	12	8.00
年龄	30岁及以下	21	14.00
	31—40岁	62	41.33
	41—50岁	45	30.00
	51—60岁	22	14.67

续表

统计特征	分类指标	样本数(个)	比例(%)
教育程度	初中及以下	5	3.33
	中专	42	28.00
	高中	40	26.67
	大专及以上	63	42.00

3. 规模化养殖场生产经营特征

受访规模化养殖场原料奶收入主要集中在1500万—3500万元，占样本比例74.00%，养殖规模主要集中在651—800头，占样本比例41.33%，从业年限集中在4—6年，占样本比例的40.67%（见表7-5）。

表7-5 受访规模化养殖场生产经营特征

统计特征	分类指标	样本数(个)	比例(%)
原料奶收入	1500万元及以下	4	2.67
	1501万—2500万元	52	34.67
	2501万—3500万元	59	39.33
	3501万元及以上	35	23.33
养殖规模	500—650头	32	21.33
	651—800头	62	41.33
	801—950头	45	30.00
	951头及以上	11	7.34
从业年限	1—3年	32	21.33
	4—6年	61	40.67
	7—9年	34	22.67
	10年及以上	23	15.33

4. 规模化养殖场决策者福利认知态度

鉴于受访规模化养殖场决策者对动物福利概念本身缺乏系统的认知，为了使研究更具科学性和准确性，在设计问题时，借鉴“规模化养殖场奶牛福利评价体系”的各福利维度要素，将抽象的福利认知问题转化成具体的指标要素，在向受访者阐述完各个维度所包含的要素后，受访者选择对奶牛福利各维度的态度。受访者对五种福利的态度均集中在比较赞同区域，分别为生理福利 56.00%、卫生福利 54.67%、环境福利 48.00%、心理福利 42.67%、行为福利 34.67%，可见，受访者普遍认为福利对于奶牛养殖业发展具有一定的积极作用（见表 7-6）。

表 7-6 受访规模化养殖场决策者福利认知情况

统计特征	分类指标	样本数（个）	比例（%）
生理福利态度	不太赞同	3	2.00
	一般赞同	25	16.67
	比较赞同	84	56.00
	完全赞同	38	25.33
环境福利态度	不太赞同	8	5.33
	一般赞同	32	21.33
	比较赞同	72	48.00
	完全赞同	38	25.34
卫生福利态度	不太赞同	10	6.67
	一般赞同	23	15.33
	比较赞同	82	54.67
	完全赞同	35	23.33
心理福利态度	不太赞同	15	10.00
	一般赞同	26	17.33
	比较赞同	64	42.67
	完全赞同	45	30.00
行为福利态度	不太赞同	18	12.00
	一般赞同	42	28.00
	比较赞同	52	34.67
	完全赞同	38	25.33

5. 规模化养殖场福利实施政策环境因素

受访规模化养殖场拥有较好的政策环境。政府扶持和政府监察的比重分别为 64.00%和 74.64%。目前，并未有动物福利扶持政策和操作规范，现有的政府扶持和政府监察也仅是体现动物福利要素中的部分内容，但是也能反映出政府层面对动物福利的关注，进而带动决策者关注福利养殖（见表7-7）。

表7-7 受访规模化养殖场政策环境情况

统计特征	分类指标	样本数（个）	比例（%）
政府扶持	不扶持	54	36.00
	扶持	96	64.00
政府监察	不监察	38	25.33
	监察	112	74.67

6. 规模化养殖场福利实施市场需求因素

受访36.00%的决策者表示，消费者对奶牛福利认知的提升或是对福利乳制品需求的提升对其奶牛福利实施决策没有影响，53.33%的决策者认为预期收益才是其奶牛福利实施决策的关键（见表7-8）。

表7-8 受访规模化养殖场市场需求情况

统计特征	分类指标	样本数（个）	比例（%）
消费者认知	不同意	54	36.00
	中立	62	41.33
	同意	34	22.67
预期收益	不同意	27	18.00
	中立	43	28.67
	同意	80	53.33

四、模型构建与估计

（一）模型构建

规模化养殖场奶牛福利实施意愿，即其选择实施福利养殖安全行为的主观概率，规模化养殖场决策者会在理性地综合衡量各种影响因素基础上作出“愿意”和“不愿意”的二元决策选择。因此,本项目在研究生产者奶牛福利实施意愿时,主要采用 Logit 二元选择模型,以确定生产者奶牛福利实施意愿的影响因素。建立如下 Logit 回归模型:

$$P = F(y = 1 \mid X_i) = \frac{1}{1 + e^{-y}} \tag{7-2}$$

式(7-2)中, y 代表规模化养殖场奶牛福利实施意愿。规模化养殖场愿意实施奶牛福利 $y = 1$,规模化养殖场不愿意实施奶牛福利 $y = 0$。P 表示规模化养殖场奶牛福利实施的概率, X_i ($i = 1, 2, \cdots, n$)为可能影响规模化养殖场奶牛福利实施意愿的因素。

式(7-2)中, y 是变量 X_i ($i = 1,2,\cdots,n$)的线性组合,即:

$$y = b_0 + b_1 x_1 + b_2 x_2 + \cdots + b_n x_n \tag{7-3}$$

式(7-3)中, b_i ($i = 1,2,\cdots,n$)为第 i 个解释变量的回归系数。若 b_i 为正,表示第 i 个因素对规模化养殖场奶牛福利实施意愿有正向影响;若 b_i 为负,表示第 i 个因素对规模化养殖场奶牛福利实施意愿有负向影响。

对式(7-2)和式(7-3)进行变换,得到 Logit 模型形式如下:

$$\ln\left(\frac{p}{1 - p}\right) = b_0 + b_1 x_1 + b_2 x_2 + \cdots + b_n x_n + \varepsilon \tag{7-4}$$

式(7-4)中, b_0 为常数项, ε 为随机误差。

(二)变量设置

鉴于上述研究,本书在构建规模化养殖场奶牛福利实施意愿的计量经济模型时,选择了 5 类共 15 个变量。变量的名称、解释及其预期影响方向详见表 7-9。

表 7-9　模型变量示意说明

变量			变量定义	均值	标准差	预期方向
解释变量	决策者特征	性别	女性=0，男性=1	0.920	0.271	+
		教育程度	初中及以下=1，中专=2，高中=3，大专及以上=4	3.073	0.909	+
		年龄	30岁及以下=1，31—40岁=2，41—50岁=3，51—60岁=4	2.453	0.906	—
	生产经营特征	原料奶收入	1500万元及以下=1，1501万—2500万元=2，2501万—3500万元=3，3501万元及以上=4	2.833	0.812	+
		养殖规模	500—650头=1，651—800头=2，801—950头=3，950头及以上=4	2.23	0.867	+
		从业年限	1—3年=1，4—6年=2，7—9年=3，10年及以上=4	2.32	0.975	+
解释变量	福利认知态度	生理福利态度	不太赞同=1，一般赞同=2，比较赞同=3，完全赞同=4	3.047	0.706	+
		环境福利态度	不太赞同=1，一般赞同=2，比较赞同=3，完全赞同=4	2.933	0.822	+
		卫生福利态度	不太赞同=1，一般赞同=2，比较赞同=3，完全赞同=4	2.947	0.807	+
		心理福利态度	不太赞同=1，一般赞同=2，比较赞同=3，完全赞同=4	2.927	0.932	+
		行为福利态度	不太赞同=1，一般赞同=2，比较赞同=3，完全赞同=4	2.733	0.971	+
	政策环境	政府扶持	不扶持=0，扶持=1	0.640	0.480	+
		政府监察	不监察=0，监察=1	0.747	0.435	+
	市场需求	消费者认知	不同意=1，中立=2，同意=3	1.867	0.754	+
		预期收益	不同意=1，中立=2，同意=3	2.353	0.767	+

续表

变量		变量定义		均值	标准差	预期方向
被解释变量	意愿	决策者福利实施意愿	不愿意=0,愿意=1	0.593	0.491	

注:原料奶收入=单产×泌乳牛存栏量×泌乳天数(305)×原料奶价格。

(三)模型估计

采用 Eviews 计量经济分析软件对 150 家规模化养殖场的数据进行 Logit 回归处理,得到了规模化养殖场奶牛福利实施意愿影响因素的估计结果。

首先,对规模化养殖场奶牛福利实施意愿实证模型进行了第一阶段估计,模型(1)涉及影响规模化养殖场奶牛福利实施意愿的所有变量;然后,逐渐剔除不显著变量,直到所有变量在 10%的显著性水平上显著,得到模型(2),各变量的回归系数、z 统计量和概率见表 7-10。由表 7-10 可知,模型(2)的 R^2的值为 0.4218,预测标准度为 83.75%,差异显著性水平小于 0.05,说明模型(2)较好的拟合总体样本数据,影响因素可以很好地解释因变量。由模型(2)回归结果可见,受教育程度、养殖规模、生理福利认知态度、环境福利认知态度、卫生福利认知态度、政府扶持和预期收益 7 个因素对规模化养殖场奶牛福利实施意愿的影响具有统计显著性。而性别、年龄、从业年限、原料奶收入、心理福利认知、行为福利认知、政府监察和消费者认知等因素对规模化养殖场奶牛福利实施意愿影响不显著。

表 7-10　规模化养殖场奶牛福利实施意愿影响因素的 Logit 模型回归结果

解释变量	模型(1)			模型(2)		
	回归系数	Z 统计量	概率	回归系数	Z 统计量	概率
性别	0.0742	0.3531	0.4734	—	—	—
教育程度	0.6462**	2.4832	0.0112	0.6041**	2.7845	0.0136
年龄	-0.0178	-0.0642	0.7832	—	—	—
原料奶收入	0.7663**	2.2615	0.0321	—	—	—
养殖规模	0.5736***	2.5435	0.0083	0.6174***	2.9347	0.0035
从业年限	0.0753	0.5673	0.7564	—	—	—
生理福利认知	0.4378***	3.3036	0.0032	0.4868***	3.5793	0.0017
环境福利认知	0.1968	1.0698	0.3784	0.2647*	1.7357	0.0873
卫生福利认知	0.3964**	1.8876	0.0429	0.4302**	2.2646	0.0357
心理福利认知	0.2374	0.9642	0.4176	—	—	—
行为福利认知	0.1527	0.8437	0.4875	—	—	—
政府扶持	0.7553***	2.9204	0.0087	0.6985***	2.9896	0.0056
政府监察	0.2348	0.7885	0.4113	—	—	—
消费者认知	0.2061	0.6807	0.5457	—	—	—
预期收益	0.7654**	1.2559	0.0422	0.7432**	1.3571	0.0313
常数项	0.1870	2.1633	0.7435	—	—	—
MF-R^2		0.4325			0.4218	
预测准确度(%)		81.3475			83.7463	
显著性水平		0.0000			0.0000	

注：***、** 和 * 分别表示在 1%、5%和 10%的统计水平上显著。

五、结论与分析

第一，从规模化养殖场决策者特征来看，决策者受教育程度影响变量的统计检验在 5%的显著性水平下显著，其系数为正，说明在其他影响因素不变的情况下，决策者受教育程度越高，奶牛福利实施意愿越强烈。在实际调研中，受教育程度较高的决策者对行业知识和动态的关注度较高，且能较好地吸纳先进的理念。

第二，从规模化养殖场生产经营特征来看，养殖规模影响变量的统计检验在1%显著性水平下显著，其系数为正，说明在其他影响因素不变的情况下，规模化养殖场的养殖规模越大，决策者奶牛福利实施意愿越强烈。由于奶牛福利的实施需要在奶牛饲喂、畜舍环境、疫病防控、行为表达和人畜关系等各环节投入人力、物力和财力，养殖规模越大，分摊成本越低，规模效益越明显。

第三，从福利认知态度来看，生理福利认知、卫生福利认识和环境福利认知影响变量的统计检验分别在1%、5%和10%的显著性水平下显著，其系数为正，说明在其他影响因素不变的情况下，决策者对生理福利、卫生福利和环境福利在奶牛养殖业的积极意义认知越清晰，决策者奶牛福利实施意愿越强烈。在实际调研中，尽管大部分受访者并没听说过动物福利，但是却将饲料安全、设备安全、养殖场环境、疫病防治等方面作为养殖场的日常重点工作，而这些内容恰是动物福利中涉及的内容。

第四，从环境政策来看，政府扶持影响变量的统计检验在1%的显著性水平下显著，其系数为正，说明在其他影响因素不变的情况下，政府扶持力度越大，决策者奶牛福利实施意愿越强烈。奶牛养殖业具有高风险、高投入、资产专用性强的特点，动物福利的实施不仅要有宏观政策作为指导，还应有具体的实施方案和扶持政策。

第五，从市场需求来看，预期收益影响变量的统计检验在5%的显著性水平下显著，其系数为正，说明在其他影响因素不变的情况下，决策者预期收益越高，决策者奶牛福利实施意愿越强烈。在市场经济体制下，每一个经营者首先具备"经济人"的属性，这就意味着，经济利益是行为导向的诱因。

此外，对于性别、年龄和从业年限而言，鉴于受访者多为男性，故对因变量解释作用不大,且奶牛养殖业历史悠久,年龄和从业年限的作用相对弱化。对于原料奶收入而言,并不是扣除成本后的原料奶纯收入,原料奶收入增加并不意味着纯收入的增加,故对因变量解释作用不大。对于心理福利和行为福利认知态度而言,由于动物福利概念在国内的研究起步较晚,学术界也无法对心理福利和行为福利的概念进行界定,研究推广覆盖面窄,公众认知度低,故对因变量解释作用不大。对于政府监察而言,由于动物福利实施属于日常工作,政府监察具有一定的时间间隔,对动物福利实施情况的约束作用不大,故对因变量解释作用不大。对于消费者认知而言,决策者更关注的是动物福利实施的成本问题和预期收益问题,故对因变量解释作用不大。

第八章　动物福利乳制品的消费者支付意愿

第一节　动物福利乳制品消费支付意愿影响因素分析

一、研究背景

党的十八大以来,我国畜牧业转型升级步伐加快,养殖集约化和规模化程度大幅提高。畜禽生产系统是一个自然、经济和社会等密切耦合而成的人畜共生系统,农场动物福利水平将直接影响人类自身福利和社会整体福利。联合国粮农组织倡导"同一健康,同一福利"理念,认为动物福利与食品安全、健康、环境、生态等系统密切相关。由此,改善农场动物福利不仅是避免动物疫病、防治环境污染、突破隐性贸易壁垒、保障食品质量安全的充分条件,更是新发展格局下促进畜牧业高质量发展的新生动力。然而,改善农场动物福利必然会提高饲养成本。鉴于我国相关立法与标准的滞后和缺失,养殖主体一般没有主动改善农场动物福利的意愿,除非能卖出更高的价格。根据兰卡斯特(Lancaster)的消费者需求理论可知,由于农场动物福利属性具有提高食品质量安全的特性,能够附着于畜产品给消费者带来更高的效用,消费者要想获得更高的效用,就必须支付更高的价格,进而促进养殖主体改善农场动物福利水平。基于此,从消费者角度探究影响农场动物福利产品支付意愿的因素,对促进农场动物福利改善、推动畜牧业高质量发展具有重要的理论和现实意义。

所谓动物福利,国际社会一般采用世界动物卫生组织对动物福利的定义,指动物如何适应其所处的环境,满足其基本的自然需求。良好的农场动物福利水平是指依据农场动物生长的特点,改善其生长环境,通过人道的饲养方式使其保持健康的生理和心理状态。农场动物福利产品则是在良好的农场动物福利水平下,通过畜牧生产获得的产品。早在19世纪,以英国为代表的西方国家已相继对动物福利出台法律、建立标准,围绕农场动物福利的支付意愿研究也较为成熟。[①] 索尔加德和杨(Solgaard 和 Yang,2011)运用二元 Logit 模型探讨了丹麦消费者对动物福利虹鳟鱼的支付意愿及其影响因素,发现48%的受访者愿意为虹鳟鱼支付25%的溢价,受教育程度、家庭月收入、年龄和性别是影响支付意愿的重要因素。[②] 博佐等(Bozzo,2019)探讨了意大利消费者对动物福利肉类的支付意愿及其影响因素,发现受教育程度更高、对动物福利特征认知更清晰的消费者愿意支付更多溢价。[③] 米兰达等(Miranda-de la Lama,2017)基于

① Hilda,K.,"Animal Rights,Social and Political Change Since 1800",*Reaktion Books*,1998.

② Solgaard,H.S.,Yang,Y.K.,"Consumers' Perception of Farmed Fish and Willingness to Pay for Fish Welfare",*British Food Journal*,Vol.113,2011,pp.997-1010.

③ Bozzo,G.,Barrasso,R.,Grimaldi,C.A.,Tantillo,G.,Roma,R.,"Consumer Attitudes Towards Animal Welfare and Their Willingness to Pay",*Veterinaria Italiana*,Vol.55,No.4,2019,pp.289-297.

843 名肉类消费的调研数据，探究了墨西哥消费者对动物福利肉类的支付意愿，发现接近 70%的受访者愿意为动物福利肉类支付溢价，其中，23.7%的受访者仅愿意支付 1%—3%的溢价，20.7%的受访者愿意支付 4%—5%的溢价，24.7%的受访者愿意支付 6%—8%的溢价，20.5%的受访者愿意支付 9%—10%的溢价，仅 10.4%的受访者愿意支付 10%以上的溢价。[①] 马泰利（Martelli，2009）发现欧盟消费者认为蛋鸡、肉鸡和猪是最需要改善福利的农场动物，且接近 60%的欧盟消费者愿意为动物福利鸡蛋支付溢价，但溢价幅度仅为 5%—10%。[②] 奥勒森等（Olesen，2010）运用选择实验法探究挪威消费者对有机和动物福利标签三文鱼的支付意愿，发现相比于普通三文鱼和有机三文鱼，受访者更愿意购买动物福利三文鱼，并支付 15%的溢价。[③] 拉格克维斯特和赫斯（Lagerkvist 和 Hess，2011）基于对动物福利产品支付意愿相关研究的分析，发现收入和年龄是影响消费者动物福利产品支付意愿的显著因素，而地理位置对支付意愿的影响并不显著。[④] 克拉克等（2017）发现人口特征是影响消费者对动物福利产品支付意愿的主要因素，其中，年龄对支付意愿存在显著负向影响，收入对支付意愿存在显著正向影响。[⑤] 布兰科等

---

① Miranda-de la Lama, G. C., Estevez - Moreno, L. X., Sepulveda, W. S., et al., "Mexican Consumers' Perceptions and Attitudes Towards Farm Animal Welfare and Willingness to Pay for Welfare Friendly Meat Products", *Meat Science*, Vol.125, 2017, pp.106-113.

② Martelli, G., "Consumers' Perception of Farm Animal Welfare: An Italian and European Perspective", *Italian Journal of Animal Science*, Vol.8, 2009, pp.31-41.

③ Olesen, I., Alfnes, F., Rora, M.B., Kolstad, K., "Eliciting Consumers' Willingness to Pay for Organic and Welfare-Labelled Salmon in A Non-Hypothetical Choice Experiment", *Livestock Science*, Vol.127, 2010, pp.218-226.

④ Lagerkvist, C. J., Hess, S., "A Meta - Analysis of Consumer Willingness to Pay for Farm Animal Welfare", *European Review of Agricultural Economics*, Vol.38, No.1, 2011, pp.55-78.

⑤ Clark, B., Stewart, G. B., Panzone, L. A., et al., "Citizens, Consumers and Farm Animal Welfare: A Meta-Analysis of Willingness-To-Pay Studies", *Food Policy*, Vol.68, 2017, pp.112-127.

(Blanc,2020)发现女性消费者对动物福利牛肉的支付意愿更高,主要是因为女性的道德意识更强,对畜产品的动物福利情况更敏感,且对动物福利标签认证表现出更多信任。① 斯贝恩等(Spain,2018)基于1000名受访者,探究美国消费者对动物福利鸡肉和鸡蛋的支付意愿,发现受访者愿意为动物福利鸡蛋支付32%的溢价,愿意为动物福利鸡肉支付48%的溢价,在外出就餐时,愿意为使用动物福利产品原料的每道主菜支付5美元溢价,且2000年以后出生的受访者动物福利支付意愿更强。② 海瑟和特夫森(2017)探讨了德国消费者对动物福利产品的支付意愿,发现不同人口统计特征的消费者对同一动物福利产品的支付意愿存在显著差异,且同一消费者对不同动物福利产品的支付意愿和最高溢价同样存在差异,其中,性别、年龄、受教育程度、家庭月收入、对农业问题的关注度是影响支付意愿的显著因素,受访者对动物福利肉类的平均支付意愿最高,其次为牛奶和鸡蛋。③ 埃尔巴基泽等(Elbakidze,2012)运用Vickrey实验拍卖法探究了莫斯科消费者对加贴动物福利信息标签的奶酪和冰激凌的支付意愿。④ 纳波利塔诺等(Napolitano,2008)以酸奶为例,运用Vickrey实验拍卖法考察了消费者对高、

① Blanc, S., Massaglia, S., Borra, D., et al., "Animal Welfare and Gender: A Nexus in Awareness and Preference when Choosing Fresh Beef Meat?", *Italian Journal of Animal Science*, Vol.19, No.1, 2020, pp.410-420.

② Spain, C.V., Freund, D., Mohan-Gibbons, H., et al., "Are they Buying it? United States Consumers' Changing Attitudes toward More Humanely Raised Meat, Eggs, and Dairy", *Animals*, Vol.8, No.8, 2018, pp.128-142.

③ Heise, H., Theuvsen, L., "Consumers' Willingness to Pay for Milk, Eggs and Meat From Animal Welfare Programs: A Representative Study", *Journal of Consumer Protection and Food Safety*, Vol.12, No.2, 2017, pp.105-113.

④ Elbakidze, L., Nayga, R.M., "The Effects of Information on Willingness to Pay for Animal Welfare in Dairy Production: Application of Nonhypothetical Valuation Mechanisms", *Journal of Dairy Science*, Vol.95, No.3, 2012, pp.1099-1107.

中、低三种不同动物福利水平的产品的支付意愿。①

虽然中国早在20世纪末就引入了动物福利概念，但受到经济发展水平和现实社会文化的制约，中国的动物福利事业才刚刚起步。② 目前，我国农场动物福利标准仅存在于行业组织和企业层面，国家层面的立法和标准几乎处于空白状态。王文智和武拉平(2013)、吴林海等(2020)分别将农场动物福利属性纳入猪肉质量安全属性体系和可追溯体系，探究了国内部分地区消费者的支付意愿，均发现消费者对农场动物福利属性的支付意愿普遍偏低。③④ 徐玲玲等(2018)将农场动物福利属性纳入猪肉质量安全信息属性体系，运用真实选择实验法，探究消费者的溢价支付意愿，发现重视猪肉质量安全的消费者溢价支付意愿更高。⑤ 还有一些学者探究了消费者对农场动物福利产品的支付意愿及影响因素。韩纪琴和张懿琳(2015)以未去势猪肉为例，运用条件价值评估法探究消费者对动物福利猪肉的支付意愿，发现对农场动物福利的态度和收入对支付意愿有显著影响。⑥ 王常伟和顾海英(2016)从食品安全视角，以猪肉为例，探究消费者对农场动物福

① Napolitano, F., Pacelli, C., Girolami, A., et al., "Effect of Information About Animal Welfare on Consumer Willingness to Pay For Yogurt", *Journal of Dairy Science*, Vol. 91, No. 3, 2008, pp.910-917.

② 傅强：《动物有"福利"吗？——西方动物福利的政治经济学》，《国外社会科学》2015年第5期。

③ 吴林海、梁朋双、陈秀娟：《融入动物福利属性的可追溯猪肉偏好与支付意愿研究》，《江苏社会科学》2020年第5期。

④ 王文智、武拉平：《城镇居民对猪肉的质量安全属性的支付意愿研究——基于选择实验(Choice Experiments)的分析》，《农业技术经济》2013年第11期。

⑤ 徐玲玲、于甜甜、陈秀娟：《动物福利、瘦肉精检测、可追溯：消费者真实支付溢价》，《中国食品安全治理评论》2018年第2期。

⑥ 韩纪琴、张懿琳：《消费者对动物福利支付意愿影响因素的实证分析——以未去势猪肉为例》，《消费经济》2015年第1期。

利认知和支付意愿,发现消费者认知对支付意愿有显著影响。[①]

上述研究尽管取得了丰硕的成果,但仍存在进一步研究的空间。第一,相比于国外研究的畜产品种类覆盖较广,现有国内研究多是以猪肉为例进行分析,鲜有文献以乳制品为例,而相关文献在国外已经比较丰富。乳制品是健康中国、强壮民族不可或缺的动物源性食品,是食品质量安全代表性畜产品,有必要对动物福利乳制品的支付意愿及其影响因素进行探究。第二,相比于国外文献多是从全国范围展开调研,国内文献多是从某一地区范围展开调研。不同地区消费者的支付意愿可能会存在差异,有必要在全国范围收集样本数据。第三,现有国内研究多是将收入作为影响因素之一,鲜有研究将消费者细分为不同收入群体。农场动物福利产品的价格通常高于普通畜产品,不同收入群体间支付意愿的影响因素可能会存在差异,有必要进行对比分析。此外,农场动物福利产品作为新兴产品,还未广泛流通于畜产品市场,不同偏好的消费者对农场动物福利产品支付意愿可能存在异质性。因此,本书将立足于中国现实的市场情境,基于条件价值评估法,设计具有农场动物福利属性的乳制品为假想性实验标的物,利用国内 1137 位消费者问卷数据,采用有序 Logistic 模型,分析消费者对农场动物福利产品的支付意愿及其影响因素,探讨不同收入和不同偏好群体间支付意愿影响因素的差异,以期为推进适合我国国情的农场动物福利产品供给、促进居民高质量畜产品消费升级提供理论依据和价值参考。

① 王常伟、顾海英:《动物福利认知与居民食品安全》,《财经研究》2016 年第 12 期。

二、分析框架

（一）农场动物福利认知

在生物学、社会心理学等领域，对认知的研究有较为成熟的理论基础，认知对意愿的影响在不同领域的行为实验和实证研究中得到了验证。[①] 张孝宇等（2019）、于海龙等（2015）和刘宇翔（2013）发现消费者的认知对支付意愿存在显著的正向影响。[②③④] 参考韩纪琴和张懿琳（2015）、王常伟和顾海英（2016）的研究，将农场动物福利认知划分为三个层次：一是内涵认知，即消费者对农场动物福利内涵的了解情况；二是情感认知，即消费者对农场动物福利的情感直觉；三是价值认知，即消费者对农场动物福利功能性影响的判断。消费者对农场动物福利的认知越清楚，对农场动物福利产品越了解，支付意愿可能就越强烈。[⑤⑥]

（二）农场动物福利态度

根据计划行为理论可知，态度是影响意愿的重要因素之一，态度越积极，意愿越强烈。张小栓等（2015）、罗丞（2010）和刘增金等

---

① 丰雷、江丽、郑文博：《农户认知、农地确权与农地制度变迁——基于中国5省758农户调查的实证分析》，《公共管理学报》2019年第1期。

② 张孝宇、马佳、张继宁等：《城市居民低碳农产品支付意愿及影响因素研究——基于上海市低碳蔬菜的实证》，《农业现代化研究》2019年第1期。

③ 于海龙、闫逢柱、李秉龙：《认知对消费者安全乳品支付意愿的影响分析——以有机液态奶为例》，《消费经济》2015年第2期。

④ 刘宇翔：《消费者对有机粮食溢价支付行为分析——以河南省为例》，《农业技术经济》2013年第12期。

⑤ 韩纪琴、张懿琳：《消费者对动物福利支付意愿影响因素的实证分析——以未去势猪肉为例》，《消费经济》2015年第1期。

⑥ 王常伟、顾海英：《动物福利认知与居民食品安全》，《财经研究》2016年第12期。

(2014)发现消费者的态度对支付意愿存在显著的正向影响。[①][②][③]韩纪琴和张懿琳(2015)认为消费者的态度是在消费者认知的基础上形成的,会对意愿产生直接影响。[④] 本书将农场动物福利态度划分为3个维度,一是农场动物福利认同,即消费者对农场动物福利属性5个层次(生理福利、环境福利、卫生福利、行为福利和心理福利)的认同态度;二是立法诉求,即消费者对动物福利法律法规出台的期许态度;三是认证诉求,即消费者对农场动物福利产品认证标签体系建立的期许态度。农场动物福利态度越积极,转化为现实的支付意愿可能就越强烈。

(三)动物福利关注度

斯贝恩等(2018)发现美国消费者在购买农场动物福利产品时,会主动搜寻产品上动物福利的信息。[⑤] 鉴于国内尚未有乳制品加贴动物福利信息标签,本书以消费者购买乳制品时对奶牛养殖环节动物福利的关心程度来衡量动物福利信息的关注度。此外,王常伟和顾海英(2014)发现动物福利报道或事件的关注度对支付意愿存在正向影响,但不显著。[⑥] 因此,本书将动物福利信息关注度、动物福

---

① 张小栓、张铁岩、马常阳等:《广东省消费者对食用农产品标识的认知及支付意愿》,《中国农业大学学报》2015年第1期。

② 罗丞:《消费者对安全食品支付意愿的影响因素分析——基于计划行为理论框架》,《中国农村观察》2010年第6期。

③ 刘增金、乔娟、李秉龙:《消费者对可追溯牛肉的支付意愿及其影响因素分析——基于北京市的实地调研》,《中国农业大学学报》2014年第6期。

④ 韩纪琴、张懿琳:《消费者对动物福利支付意愿影响因素的实证分析——以未去势猪肉为例》,《消费经济》2015年第1期。

⑤ Spain, C.V., Freund, D., Mohan-Gibbons, H., et al., "Are they Buying it? United States Consumers' Changing Attitudes toward More Humanely Raised Meat, Eggs, and Dairy", *Animals*, Vol.8, No.8, 2018, pp.128-142.

⑥ 王常伟、顾海英:《基于消费者层面的农场动物福利经济属性之检验:情感直觉或肉质关联?》,《管理世界》2014年第7期。

利报道或事件关注度纳入影响因素指标体系中。消费者对动物福利信息和动物福利报道或事件越关注,搜寻到的信息越多,农场动物福利认知越清楚、态度越积极,支付意愿可能越强烈。

(四)消费者个人特征

消费者个人特征一直是影响支付意愿的重要因素,本书引入的个人特征包括性别、年龄和受教育程度等。一般情况下,女性消费者更为感性,基于伦理道德对农场动物可能存在更多同情和怜悯,支付意愿可能更强烈。严火其等(2013)调查发现,女性对违反动物福利的养殖方式表现出更多的不满,且立法诉求明显高于男性。同时,作为主要的食品购买者,出于家人健康的考虑,女性对农场动物福利产品的支付意愿可能更强烈。年轻消费者对新鲜事物的接受能力普遍高于年长消费者,年轻人对农场动物福利产品的接受能力更高,支付意愿可能更强烈。[①] 王常伟和顾海英(2016)、米兰达等(2017)发现年长消费者对农场动物福利的认知相对较差,态度和支付意愿相对消极。受教育程度是影响支付意愿的重要因素之一。[②③] 通常来说,受教育程度决定了消费者的认知能力、接受新鲜事物的能力、对生活品质的要求和收入水平,从而影响支付意愿。严火其等(2013)研究认为,公众听说过动物福利的比例和支持动物福利立法的比例与受教育程度呈正相关。[④]

---

① 严火其、李义波、尤晓霖、张敏、刘志萍、葛颖:《中国公众对"动物福利"社会态度的调查研究》,《南京农业大学学报(社会科学版)》2013年第3期。

② 王常伟、顾海英:《动物福利认知与居民食品安全》,《财经研究》2016年第12期。

③ Miranda-de la Lama, G. C., Estevez-Moreno, L. X., Sepulveda, W. S., et al., "Mexican Consumers' Perceptions and Attitudes towards Farm Animal Welfare and Willingness to Pay for Welfare Friendly Meat Products", *Meat Science*, Vol.125, 2017, pp.106-113.

④ 严火其、李义波、尤晓霖、张敏、刘志萍、葛颖:《中国公众对"动物福利"社会态度的调查研究》,《南京农业大学学报(社会科学版)》2013年第3期。

所以,消费者的受教育程度越高,支付意愿可能越强烈。

(五)消费者家庭特征

消费者家庭特征同样是影响支付意愿的重要因素,本书引入的家庭特征包括饲养经历、家庭月收入水平和居住地等。饲养经历,即消费者是否饲养过动物,包括但不限于农场动物和伴侣动物。拥有饲养经历的消费者,对农场动物福利的认知更清楚,态度更积极,支付意愿可能更强烈。家庭月收入水平在一定程度上意味着消费者的支付能力和对价格的敏感程度。家庭月收入水平越高,支付能力越强,对价格越不敏感,支付意愿可能越强烈。张小栓等(2015)和齐绍洲等(2019)发现月收入水平对支付意愿存在显著的正向影响。[①②] 农村居民可能习惯了与动物原有的相处方式,改善农场动物福利的意愿和支付意愿较低;而城镇居民可能接触伴侣动物更多,改善农场动物福利的意愿和支付意愿也相对较高。米兰达等(2017)发现,农村居民对农场动物养殖的实际情况和改善动物福利对效益的影响比城镇居民更清楚,支付意愿更低。此外,农村居民和城镇居民在农场动物福利认知和家庭月收入水平等其他因素方面也存在差异,会对支付意愿产生间接的影响。[③]

---

① 张小栓、张铁岩、马常阳等:《广东省消费者对食用农产品标识的认知及支付意愿》,《中国农业大学学报》2015 年第 1 期。

② 齐绍洲、柳典、李锴等:《公众愿意为碳排放付费吗?——基于"碳中和"支付意愿影响因素的研究》,《中国人口·资源与环境》2019 年第 10 期。

③ Miranda-de la Lama, G. C., Estevez-Moreno, L. X., Sepulveda, W. S., et al., "Mexican Consumers' Perceptions and Attitudes towards Farm Animal Welfare and Willingness to Pay for Welfare Friendly Meat Products", *Meat Science*, Vol.125, 2017, pp.106-113.

（六）乳制品消费特征

本书以乳制品作为假想性实验标的物，所以支付意愿还会受到乳制品消费特征的影响，引入的乳制品消费特征包括乳制品的购买频率、质量安全风险感知和质量安全关注度等。购买频率一定程度上可以衡量消费者对产品的熟悉程度，购买频率更高的消费者对乳制品的关注通常会由价格转向质量安全，对动物福利乳制品的支付意愿可能更高。李翔等（2015）和郑明赋（2018）发现购买频率会显著提高消费者对有机食品的支付意愿。[①②] 由于乳制品的信任品特性，消费者会保持较高的质量安全风险感知，动物福利乳制品属于乳制品中的高端产品。所以，消费者对乳制品质量安全的风险感知越高，支付意愿可能越低。通常情况下，乳制品质量安全关注度较高的消费者，会出于食品安全和身体健康的角度追求质量安全水平更高的乳制品。刘宇翔（2013）和崔春晓等（2016）发现食品安全关注度会提高消费者对质量安全水平更高的食品的支付意愿。[③④]

综上所述，提出分析框架，如图 8-1 所示。

---

① 李翔、徐迎军、尹世久等：《消费者对不同有机认证标签的支付意愿——基于山东省 752 个消费者样本的实证分析》，《中国软科学》2015 年第 4 期。

② 郑明赋：《消费者对有机食品支付意愿的品种差异及其影响因素——以大米和五花肉的比较为例》，《企业经济》2018 年第 4 期。

③ 刘宇翔：《消费者对有机粮食溢价支付行为分析——以河南省为例》，《农业技术经济》2013 年第 12 期。

④ 崔春晓、王凯、王学真：《消费者对可追溯猪肉支付意愿的影响因素研究》，《统计与决策》2016 年第 12 期。

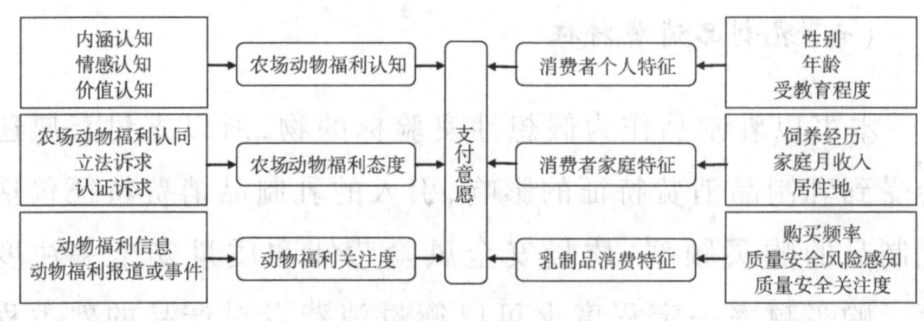

图 8-1　分析框架

三、研究设计

（一）问卷设计

问卷共包括三个部分：第一，受访者基本信息调查，包括消费者个人特征、消费者家庭特征和乳制品消费特征；第二，支付意愿影响因素调查，包括农场动物福利认知、农场动物福利态度和动物福利关注度等；第三，支付意愿调查，采用条件价值评估法获取消费者的支付意愿。

问卷大部分题项采用李克特 5 分量表。鉴于农场动物福利认知和农场动物福利态度需要对多个题项进行测量，故采取对题项赋分并计算平均数的方式，获得消费者的农场动物福利认知和农场动物福利态度情况。具体题目设置如下：内涵认知：针对饲喂、畜舍环境、疾病防控、行为表达和人畜关系等养殖环节，设置 10 个有关福利化养殖内涵的题项。情感认知：通过列举"用火棍给奶牛乳房消毒""为追求奶牛快速生长过度饲喂""将水管插入奶牛口中注水"和"工人用脚踢并用铁管打奶牛"4 种新闻中报道过的违反农场动物福利场景，询问受访者的直观感受。价值认知：设置 3 个题项，询问受访者对农场动物福利改善对乳制品质量安全(经济影响)、人类文明和公共卫生安全(社会影响)、改善生态环境(环境影响)影响的显著程度。农场动物福利的认同态度:设置5个题项,询问受访者对农场动物福利属性5个层次(生理福利、环境福利、卫生福利、行为福利和心理福利)的认同情况。

为确保量表设计合理,对上述22个题项进行信度和效度分析,结果显示,内涵认知、情感认知、价值认知和农场动物福利认同的克隆巴赫系数分别为0.815、0.791、0.752和0.726,均大于0.700,通过了信度检验;KMO统计值为0.854,Bartlett球形检验值为2519.907,显著性为0.000,通过了效度检验。综上,题项具有良好的信度与效度,量表设计合理。

(二)条件价值评估法

探究消费者支付意愿的主要方法有实验拍卖法等非假想性实验法以及条件价值评估法和选择实验法等假想性实验法;条件价值评估法能够模拟市场上尚未出现的属性和产品,通过情景描述的方式,阐述假想产品与普通产品的不同之处,剔除农场动物福利属性之外的其他产品属性对支付意愿的影响。[①] 此外,相比于选择实验法和实验拍卖法,条件价值评估法更简单、灵活性更好且成本更低,支持受访者完成整个实验过程。[②] 故本书运用条件价值评估法探究消费者对动物福利乳制品的支付意愿。

条件价值评估法是一种通过情景描述来模拟市场并通过引导

① 周应恒、吴丽芬:《城市消费者对低碳农产品的支付意愿研究——以低碳猪肉为例》,《农业技术经济》2012年第8期。

② 齐绍洲、柳典、李锴等:《公众愿意为碳排放付费吗?——基于"碳中和"支付意愿影响因素的研究》,《中国人口·资源与环境》2019年第10期。

消费者回答一系列问题来获取对某种产品的最大支付意愿的方法。具体步骤如下:一是信息强化。强化信息为“良好的农场动物福利是指农场动物在饲养、运输和屠宰过程中得到良好的照顾,避免遭受不必要的惊吓、痛苦或伤害。动物福利乳制品则是在良好的农场动物福利下饲养奶牛、生产牛奶、加工而成的乳制品”。二是描述选购情景与产品。选购情景设计为“假设您在经常购买乳制品的场所,售有一种‘动物福利乳制品’,它和您经常购买的普通乳制品在外观上完全一致,二者唯一的区别是动物福利乳制品要求奶牛的养殖和生产等环节需遵循良好的农场动物福利准则”。三是引导支付意愿回答。常见的3种引导方式包括开放式法、卡片式法和二分法,二分法能够模拟消费者在真实市场的决策机制,更能激励受访者表达真实支付意愿,故采用二分法引导回答。[①②③] 鉴于动物福利乳制品未来的市场定位为高端乳制品,本书参照市场上常见的高端乳制品(蒙牛特仑苏、伊利金典等)确定动物福利乳制品价格。吴林海等(2020)、王常伟和顾海英(2014)的研究发现,消费者对动物福利产品支付的溢价区间普遍在30%以内,且通过前期预调研发现消费者对1元以下的价格敏感程度较低。[④⑤] 故假定市场上高端乳制品的平均零售价格为10元/500毫升,将动物福利乳制品价格区

① 罗丞:《消费者对安全食品支付意愿的影响因素分析——基于计划行为理论框架》,《中国农村观察》2010年第6期。

② 刘增金、乔娟、李秉龙:《消费者对可追溯牛肉的支付意愿及其影响因素分析——基于北京市的实地调研》,《中国农业大学学报》2014年第6期。

③ 齐绍洲、柳典、李锴等:《公众愿意为碳排放付费吗?——基于“碳中和”支付意愿影响因素的研究》,《中国人口·资源与环境》2019年第10期。

④ 吴林海、梁朋双、陈秀娟:《融入动物福利属性的可追溯猪肉偏好与支付意愿研究》,《江苏社会科学》2020年第5期。

⑤ 王常伟、顾海英:《基于消费者层面的农场动物福利经济属性之检验:情感直觉或肉质关联?》,《管理世界》2014年第7期。

间设置为(10,11]、(11,12]、(12,13]、(13,14]和(14,15],分别表示(0,10%]、(10%,20%]、(20%,30%]、(30%,40%]和(40%,50%]的溢价水平。先向受访者说明目前市场上普通乳制品的平均零售价格为10元/500毫升,再询问受访者“如果动物福利乳制品和普通乳制品价格相同,即10元/500毫升,您是否愿意购买”;如果回答不愿意,则停止询问;如果回答愿意,则提高一个溢价水平,继续询问“如果动物福利乳制品价格为(11,12],您是否愿意购买”;如果回答愿意,则继续提高溢价水平,直至回答“不愿意”,并将前一个价格区间作为该受访者的支付意愿。

(三)数据来源

样本数据采用面谈访问和网络调查相结合的调研方法获得。为确保问卷的有效性,在展开正式调研前,先邀请5位动物福利领域专家对问卷进行评阅,根据其意见进行修改后,于2020年7月在黑龙江、北京、内蒙古、广东和四川开展预调研。预调研共回收105份问卷,对问卷进行修改完善后,于2020年8—10月开始正式调研。面谈访问方面,调研员为58名在校本科生、硕士研究生和博士研究生,经过统一培训和实践测试后,组织调研员在各自家乡展开调研。调研地点选在大型商超的乳制品销售窗口,通过随机拦截乳制品消费者进行面谈调查。网络调查方面,以网络问卷平台为载体,通过样本服务随机发放电子问卷,并通过陷阱题、最短时间限制等措施提高问卷质量。正式调研共发放问卷1200份,经过人工检查和筛选,剔除存在异常值的问卷63份,最终剩余有效问卷1137份,其中面谈访问回收问卷391份,网络调查回收问卷746份,问卷有效率达94.75%。

样本来源地涵盖华北地区（北京、天津、河北、山西和内蒙古）、东北地区（辽宁、吉林和黑龙江）、华东地区（上海、江苏、浙江、安徽、福建和山东）、中南地区（河南、湖南、广东和海南）、西南地区（重庆、四川、贵州和云南）和西北地区（陕西、宁夏和新疆）等共25个省（自治区、直辖市）。样本基本信息见表8-1。

表8-1　受访者基本统计特征

变量	分类	样本数（个）	比例（%）	变量	分类	样本数（个）	比例（%）
性别	男	519	45.65	家庭月收入（元）	(0,4000]	141	12.40
	女	618	54.35		(4000,6000]	232	20.40
年龄（岁）	(16,20]	51	4.49		(6000,8000]	193	16.97
	(20,30]	453	39.84		(8000,10000]	189	16.62
	(30,40]	375	32.98		(10000,12000]	134	11.79
	(40,50]	105	9.24		(12000,14000]	96	8.44
	(50,60]	120	10.55		(14000,16000]	79	6.95
	(60,∞)	33	2.90		(16000,∞)	73	6.42
受教育程度	初中及以下	33	2.90	居住地	城镇	924	81.27
	高中（中专）	108	9.50		农村	213	18.73
	大专	156	13.72	居住地区	华北地区	278	24.45
	本科	474	41.69		东北地区	318	27.97
	研究生	366	32.19		华东地区	145	12.75
饲养经历	是	564	49.60		中南地区	189	16.62
					西南地区	108	9.50
	否	573	50.40		西北地区	99	8.71

（四）变量设定

实证分析中，被解释变量为支付意愿，即支付溢价的多少，解释变量为农场动物福利认知、农场动物福利态度、动物福利关注度、消费者个人特征、消费者家庭特征和乳制品消费特征。具体的变量定义和预期方向见表8-2。

表 8-2　变量定义与预期方向

变量名称	定义与赋值	预期方向	均值	标准差
支付意愿	不支付溢价=0,支付(0,10%]溢价=1,支付(10%,20%]溢价=2,支付(20%,30%]溢价=3,支付(30%,40%]溢价=4,支付(40%,50%]溢价=5		1.50	0.92
内涵认知	非常好=5,较好=4,一般=3,较差=2,极差=1	+	4.09	0.59
情感认知	非常生气=5,比较生气=4,一般=3,不太生气=2,不生气=1	+	4.51	0.58
价值认知	非常好=5,较好=4,一般=3,较差=2,极差=1	+	4.04	0.67
农场动物福利认同	非常认同=5,比较认同=4,一般=3,不太认同=2,不认同=1	+	3.44	1.69
立法诉求	是否有必要出台中国的动物福利法律法规:非常有必要=5,比较有必要=4,无所谓=3,比较没必要=2,非常没必要=1	+	4.64	0.48
认证诉求	是否有必要对动物福利乳制品进行商业认证并加贴标签:非常有必要=5,比较有必要=4,无所谓=3,比较没必要=2,非常没必要=1	+	3.07	1.29
动物福利信息关注度	非常关注=5,比较关注=4,一般=3,不太关注=2,几乎不关注=1	+	2.43	1.10
动物福利报道或事件关注度	非常关注=5,比较关注=4,一般=3,不太关注=2,几乎不关注=1	+	2.39	1.10
性别	男=1,女=0	—	0.44	0.50
年龄(岁)	(16,20]=1,(20,30]=2,(30,40]=3,(40,50]=4,(50,60]=5,(60,∞)=6	—	2.90	1.16
受教育程度	初中及以下=1,高中(中专)=2,大专=3,本科=4,研究生=5	+	3.91	1.06
饲养经历	是=1,否=0	+	0.50	0.50
家庭月收入水平(元)	(0,4000]=1,(4000,6000]=2,(6000,8000]=3,(8000,10000]=4,(10000,12000]=5,(12000,14000]=6,(14000,16000]=7,(16000,∞]=8	+	3.80	1.45
居住地	城镇=1,农村=0	+	0.81	0.39
乳制品购买频率	几乎每天=5,一周2次—3次=4,一周1次=3,一周不到1次=2,几乎不购买=1	+	3.34	0.99
乳制品质量安全风险感知	非常高=5,比较高=4,一般=3,比较低=2,非常低=1	—	3.77	0.76
乳制品质量安全关注度	非常关注=5,比较关注=4,一般=3,不太关注=2,几乎不关注=1	+	4.12	0.83

(五)模型构建

消费者的支付意愿属于等级分类变量,故采用有序 Logistic 模型进行分析。具体形式如下:

$$\ln\left(\frac{P(y_i \leqslant j)}{1 - P(y_i \leqslant j)}\right) = \alpha_j - \sum_{i=1}^{i} \beta_i x_i + \varepsilon \tag{8-1}$$

被解释变量 y_i 的取值概率为:

$$P(y_i = j \mid x_i) = P(y_i \leqslant j \mid x_i) - P(y_i \leqslant j - 1 \mid x_i)$$

$$= \frac{\exp(\alpha_{j-1} - \beta x_i)}{1 + \exp(\alpha_j - \beta x_i)} - \frac{\exp(\alpha_j - \beta x_i)}{1 + \exp(\alpha_{j-1} - \beta x_i)} \tag{8-2}$$

式(8-1)和式(8-2)中,P 为消费者在某一价格水平上支付的概率,y_i 为消费者愿意支付的最高溢价水平,j 为溢价水平的分类,x_i 为消费者支付意愿的第 i 个影响因素,α_j 为常数项,β_i 为第 i 个影响因素的待估系数,ε 为随机误差项。

四、动物福利乳制品支付意愿分析

总体而言,样本中愿意购买动物福利乳制品的受访者占比为 92.88%,但仍有 81 位受访者不愿意购买。具体来看,有 87 位受访者愿意购买动物福利乳制品但并不愿意支付溢价;接近一半的受访者仅愿意支付不超过 10%的溢价;超过两成的受访者愿意支付(10%,20%]的溢价;有 10.82%的受访者愿意支付(20%,30%]的溢价;仅有 39 位受访者愿意支付超过 30%的溢价,占比不足 4%;没有受访者愿意支付 40%以上的溢价(见表 8-3)。可见,虽然大部分消费者对农场动物福利产品有较强的购买意愿,但当前消费者对农场动物福利产品的支付意愿仍有待提高,这可能是因为农场动物福利产品在国内市场属于高端产品，而且对绝大多数消费者来说属于新鲜事物，虽然消费者愿意尝试农场动物福利产品，但受支付能力和消费习惯影响，消费者支付意愿偏低。此外，随着价格的上涨，消费者的支付意愿随之下降，说明价格是影响消费者对农场动物福利产品支付意愿的重要因素。

表 8-3　支付意愿的统计分析情况

支付意愿	样本数（个）	比例（%）
不愿意购买	81	7. 12
不支付溢价	87	7. 65
溢价（0，10%］	558	49. 08
溢价（10%，20%］	249	21. 90
溢价（20%，30%］	123	10. 82
溢价（30%，40%］	39	3. 43
溢价（40%，50%］	0	0

五、动物福利乳制品支付意愿影响因素分析

在进行回归分析前，需要对模型进行检验。多重共线性检验结果显示方差膨胀因子均值为 1. 45，说明不存在明显的多重共线性问题。平行线检验结果显示卡方值为 28. 313，显著性为 0. 795，大于 0. 05，说明模型符合平行线假设，可以使用有序 Logistic 模型进行回归分析。拟合优度检验结果显示卡方值为 139. 594，显著性为 0. 000，说明模型整体拟合程度较好。为减少异方差的影响，采用稳健性回归对模型进行估计。

根据模型（1）的回归结果可知，内涵认知、情感认知、价值认知、受教育程度和家庭月收入水平对支付意愿存在显著的正向影响（见表 8-4），与预期方向一致。内涵认知、情感认知和价值认知

均属于农场动物福利认知，根据技术接受模型可知，消费者对产品的价值判断即感知有用性是影响支付意愿的重要原因之一，对动物福利的认知越清楚的消费者，对动物福利乳制品的价值评判可能越高，支付意愿就越高。受教育程度越高的消费者总体上对动物福利乳制品的理解和接受能力可能越强，相应的支付意愿也越高。家庭月收入水平越高的消费者，可能越注重对自身需求的满足，对动物福利乳制品的价格越不敏感，支付意愿就越高。

乳制品质量安全风险感知、乳制品质量安全关注度和立法诉求对支付意愿存在显著的负向影响（见表8-4）。其中，乳制品质量安全风险感知的影响方向与预期一致，根据风险感知理论可知，消费者通常是风险规避型的，对乳制品质量安全风险的感知越高，越倾向于以规避风险的方式获得效用，对动物福利乳制品的支付溢价水平越低。乳制品质量安全关注度的影响方向与预期不一致，对于消费者来说，动物福利乳制品是新鲜事物，存在较多的信息不对称，消费者对其质量安全情况了解较少，往往不愿意花费较高的信息搜集成本去尝试，这就导致对乳制品质量安全关注度越高的消费者越不愿意支付更高的溢价。立法诉求的影响方向与预期不一致，这可能是因为立法诉求越高的消费者认为改善农场动物福利更多的是政府的责任，是相关法律法规的缺失导致农场动物福利水平下降，改善农场动物福利的成本不应由消费者承担，故其支付意愿越低。

农场动物福利认同、认证诉求、动物福利信息关注度、动物福利报道或事件关注度、性别、年龄、饲养经历、居住地和乳制品购买频率对支付意愿影响不显著（见表8-4）。农场动物福利认同和认证诉求均属于农场动物福利态度，根据计划行为理论可知，消费者态度向意愿转化的过程还受到主观规范和知觉行为控制的影响，可能是消费者认为自己对动物福利乳制品的接受能力和经济条件不足无法支付更高的溢价水平，即支付意愿受到知觉行为控制的阻碍，故影响不显著。动物福利信息关注度和动物福利报道或事件关注度均属于动物福利关注度，对支付意愿影响不显著的原因可能有：一方面，动物福利在国内尚处于起步阶段，消费者在购买乳制品时，对奶牛的福利情况关注较少；另一方面，受经济发展水平和现实社会文化的制约，媒体对动物福利报道或事件的长期曝光较少，使消费者关注度较低。年龄对支付意愿的影响不显著，可能是因为年轻消费者虽然能够接受动物福利乳制品，但受到收入水平限制，支付溢价水平较低；而年长消费者虽然不受收入水平限制，但对动物福利乳制品的接受能力较弱，支付溢价水平较低。性别、饲养经历和居住地等消费者特征对支付意愿的影响不显著，说明不同性别、不同饲养经历和不同居住地的消费者对动物福利乳制品的支付意愿不存在显著差异。乳制品购买频率对支付意愿的影响不显著，可能是因为乳制品购买频率较高的消费者对某一乳制品保持较高的忠诚度，对其他乳制品支付意愿较低。

为检验结果的稳健性，采用替换回归方法和截取部分数据回归两种方式。模型(2)中，将有序 Logistic 模型更换为有序 Probit 模型进行回归估计；模型(3)中，随机扣除东北地区和华北地区的样本进行回归估计。结果显示，模型(2)和模型(3)的估计结果(影响方向、大小和显著性程度)与模型(1)基本一致，说明结果是稳健的。

表 8-4　支付意愿影响因素回归结果

变　量	模型(1)	模型(2)	模型(3)
内涵认知	0.303* (0.229)	0.165* (0.122)	0.337* (0.239)
情感认知	0.294* (0.236)	0.198* (0.121)	0.365* (0.245)
价值认知	0.368** (0.197)	0.197** (0.103)	0.382** (0.209)
农场动物福利认同	0.032 (0.068)	0.012 (0.039)	0.022 (0.072)
立法诉求	−0.477* (0.266)	−0.297** (0.149)	−0.491* (0.288)
认证诉求	0.033 (0.095)	0.014 (0.051)	0.045 (0.101)
动物福利信息关注度	0.104 (0.147)	0.055 (0.080)	0.064 (0.157)
动物福利报道或事件关注度	0.105 (0.154)	0.051 (0.088)	0.116 (0.170)
性别	−0.018 (0.229)	−0.016 (0.128)	−0.106 (0.256)
年龄	0.043 (0.125)	0.017 (0.067)	0.030 (0.128)
受教育程度	0.369** (0.152)	0.199** (0.080)	0.300** (0.156)
饲养经历	0.100 (0.235)	0.095 (0.131)	0.059 (0.253)
家庭月收入水平	0.154** (0.089)	0.096* (0.050)	0.147*** (0.094)
居住地	0.129 (0.328)	0.096 (0.177)	0.083 (0.351)
乳制品购买频率	0.066 (0.118)	0.047 (0.065)	0.027 (0.133)
乳制品质量安全风险感知	−0.246** (0.159)	−0.095** (0.089)	−0.289** (0.172)
乳制品质量安全关注度	−0.227** (0.154)	−0.107** (0.084)	−0.248** (0.174)
样本数	1056	1056	900
Wald chi^2	44.52	47.85	43.62

续表

变　量	模型(1)	模型(2)	模型(3)
Prob>chi^2	0.0002	0.0001	0.0000
Pseudo R^2	0.0498	0.0476	0.0436

注：*** 、** 和 * 分别表示在1%、5%和10%的显著性水平下显著；括号内为标准误。

第二节　动物福利乳制品消费支付意愿影响因素异质性分析

一、不同收入群体对动物福利乳制品支付意愿影响因素对比分析

结合前文分析，价格是影响消费者支付意愿的重要因素，且家庭月收入水平对支付意愿有显著正向影响，所以将样本按照家庭月收入水平进一步细分。考虑到样本数量过少可能会导致结论偏差，加之受访者出于保护隐私不会告知实际收入水平，故根据预调研的实际收入情况采用收入三等份方式对预调研样本进行分组并确定最终划分标准：将家庭月收入水平低于6000元划分为低收入群体，将6001—10000元划分为中收入群体，将10000元以上划分为高收入群体，分别对3组样本进行回归估计。

对低收入群体来说，内涵认知和情感认知对支付意愿的影响更为显著，而对中、高收入群体来说，价值认知对支付意愿的影响更为显著（见表8-5），说明对于中、高收入群体来说农场动物福利的功能影响更能促进消费者进行溢价支付。动物福利报道或事件关注度只对高收入群体的支付意愿有显著的正向影响，这可能与

高收入群体在物质需求得到满足后,更加追求精神层面的满足,从而更关注与动物福利报道或事件有关。年龄只对高收入群体支付意愿有显著的正向影响,这可能是因为高收入群体的中老年消费者更注重养生,对动物福利乳制品等高端乳制品的营养价值更加肯定,愿意支付更高的溢价。饲养经历只对低收入群体支付意愿有显著的正向影响,说明在支付能力较弱、对价格较为敏感时,饲养经历越丰富的消费者,支付意愿越高,可能是由于拥有饲养经历的低收入群体消费者更清楚改善动物福利水平的成本支出与积极作用。另外,乳制品购买频率只对中收入群体的支付意愿有显著的正向影响,说明购买乳制品频率越高的中收入群体消费者对动物福利乳制品的支付意愿越高,这可能是因为中收入群体在乳制品购买频率变高后会更倾向于尝试高端乳制品,而低收入群体在购买频率变高后依然关注乳制品价格,高收入群体由于对价格的敏感程度较低,受购买频率影响较小。

表 8-5 不同收入样本的支付意愿影响因素回归结果

变 量	低收入群体	中收入群体	高收入群体
内涵认知	0.772** (0.392)	0.182 (0.511)	0.148 (0.301)
情感认知	0.853** (0.513)	0.162 (0.389)	0.182 (0.318)
价值认知	0.003 (0.405)	0.932*** (0.461)	0.526** (0.251)
农场动物福利认同	0.091 (0.193)	0.034 (0.133)	0.076 (0.098)
立法诉求	−0.360* (0.524)	−0.183* (0.503)	−0.355** (0.368)
认证诉求	0.002 (0.210)	0.166 (0.191)	0.087 (0.119)

续表

变　量	低收入群体	中收入群体	高收入群体
动物福利信息关注度	0.284 (0.370)	0.164 (0.264)	0.045 (0.191)
动物福利报道或事件关注度	0.062 (0.362)	0.139 (0.383)	0.346* (0.221)
性别	-0.793 (0.636)	-0.088 (0.449)	0.243 (0.297)
年龄	-0.616 (0.361)	0.040 (0.195)	0.196* (0.156)
受教育程度	0.584*** (0.308)	0.436** (0.258)	0.445** (0.222)
饲养经历	0.436* (0.414)	0.086 (0.449)	0.135 (0.313)
居住地	0.159 (0.511)	0.522 (0.808)	0.452 (0.534)
乳制品购买频率	0.004 (0.295)	0.303** (0.191)	0.029 (0.151)
乳制品质量安全风险感知	-0.289** (0.311)	-0.206* (0.340)	-0.205* (0.202)
乳制品质量安全关注度	-0.173* (0.267)	-0.521** (0.269)	-0.232** (0.274)
样本数	337	350	369
Wald chi^2	44.99	37.18	28.23
Prob>chi^2	0.0000	0.0001	0.0084
Pseudo R^2	0.0892	0.0633	0.0467

注：***、** 和 * 分别表示在1%、5%和10%的显著性水平下显著；括号内为标准误。

二、不同偏好群体对动物福利乳制品支付意愿影响因素对比分析

为进一步验证消费者偏好对支付意愿的影响，将样本数据按照“请问您在购买乳制品时最关注的信息是品牌、价格、还是质量安全情况？”一题，将回答“品牌”的样本划分为品牌偏好型消费者，将回答“价格”的样本划分为价格敏感型消费者，将回答“质量

安全情况”的样本划分为质量安全偏好型消费者,并分别对 3 组样本进行回归估计(见表 8-6)。

表 8-6 不同偏好样本的支付意愿影响因素回归结果

变量	品牌偏好型	价格敏感型	质量安全偏好型
内涵认知	0.450** (0.337)	0.033 (0.285)	0.351 (0.458)
情感认知	0.177 (0.599)	0.011 (0.297)	0.340 (0.401)
价值认知	0.373** (0.271)	0.419*** (0.199)	0.290* (0.436)
五项基本原则认同	0.111** (0.087)	0.097 (0.090)	0.036 (0.136)
立法诉求	-0.413 (0.318)	-0.093 (0.279)	-0.463** (0.454)
认证诉求	-0.150 (0.140)	-0.023 (0.120)	-0.246** (0.236)
动物福利信息关注度	0.094 (0.198)	0.026 (0.172)	0.044 (0.244)
动物福利报道或事件关注度	0.091 (0.211)	0.083 (0.188)	0.042 (0.298)
性别	-0.090 (0.198)	-0.121 (0.287)	0.026 (0.445)
年龄	-0.143 (0.162)	0.121 (0.145)	0.068 (0.305)
受教育程度	0.288*** (0.183)	0.722*** (0.185)	0.340*** (0.257)
饲养经历	0.338 (0.311)	0.257 (0.271)	0.344 (0.455)
家庭月收入水平	0.185** (0.129)	0.228** (0.106)	0.164** (0.100)
居住地	0.151 (0.151)	0.099* (0.382)	0.153 (0.590)
乳制品购买频率	0.055 (0.145)	0.204 (0.139)	0.045 (0.224)
乳制品质量安全风险感知	-0.098 (0.225)	0.176 (0.205)	-0.400*** (0.299)

续表

变　量	品牌偏好型	价格敏感型	质量安全偏好型
乳制品质量安全关注度	-0.391* (0.175)	-0.277** (0.156)	-0403** (0.264)
样本数	212	220	624
Wald chi2	37.18	46.73	53.09
Prob>chi2	0.0029	0.0001	0.0000
Pseudo R^2	0.0505	0.0618	0.0867

注：***、** 和 * 分别表示在 1%、5% 和 10% 的显著性水平下显著；括号内为标准误。

品牌偏好型消费者方面，内涵认知、价值认知、五项基本原则认同、受教育程度、家庭月收入水平、乳制品质量安全关注度对支付意愿有显著影响。对于品牌偏好型消费者而言，在作出乳制品购买决策的过程中，更注重品牌，很少关心价格、认证标签、农场动物福利等其他产品属性。所以，品牌偏好型消费者只有形成了较好的农场动物福利认知、农场动物福利态度才会对农场动物福利属性产品产生较强的支付意愿。

价格敏感型消费者方面，价值认知、受教育程度、居住地、乳制品质量安全关注度对支付意愿有显著影响。对于价格敏感型消费者而言，在作出乳制品购买决策的过程中，更注重价格，但并不意味着这类消费者不关注乳制品的质量安全情况。价格敏感型消费者普遍具有低收入群体的特征，所以家庭月收入对其支付意愿的影响系数比其他两类群体更大。此外，价值认知对价格敏感型消费者的支付意愿影响系数和显著性也高于其他两类群体，说明价格敏感型消费者并非不具备支付能力，而是更希望购买的产品能够在收入和价格的限制下实现效用最大化，买到优质优价的产品。

质量安全偏好型消费者方面，价值认知、立法诉求、认证诉求、受教育程度、家庭月收入水平、乳制品质量安全风险感知、乳制品质量安全关注度对支付意愿有显著的影响。对于质量安全偏好型消费者而言,在作出乳制品购买决策的过程中,更注重质量安全情况。这类消费者普遍保持着较高的质量安全风险感知,较为关注乳制品质量安全,所以乳制品质量安全风险感知、乳制品质量安全关注度对质量安全偏好型消费者的支付意愿影响系数也高于其他两类群体。此外,立法诉求和认证诉求对支付意愿有显著的负向影响,是立法诉求和认证诉求普遍较高,而支付意愿相对较低造成的。说明质量安全偏好型消费者急需法律法规、国家标准和认证标签来反映农场动物福利属性产品的质量安全情况。

第三节　结论与讨论

研究表明,消费者对动物福利乳制品有较为强烈的支付意愿,但支付的溢价水平有一定的提高空间,通过消费者对动物福利乳制品的溢价支付促进养殖主体改善农场动物福利是可行的。消费者的支付意愿主要受到农场动物福利认知、立法诉求、受教育程度、家庭月收入水平、乳制品质量安全风险感知和乳制品质量安全关注度的显著影响。

价格是影响消费者对动物福利乳制品支付意愿的重要因素,价格上涨,支付意愿随之下降。所以按照家庭月收入水平将消费者划分为低、中、高三个收入群体,发现影响因素在不同收入群体间的影响存在差异。同时,消费者对动物福利乳制品支付意愿存在偏好异质性,不同偏好群体受影响因素影响不同。这表明未来在制定其他农场动物福利产品营销策略时,需要根据不同消费者群体考虑不同营销策略。

公共卫生事件冲击可能会促进消费者对农场动物福利的认知、态度和关注度未来不断向好。与此同时,新发展格局下,消费向绿色、健康、安全发展的整体趋势会带动畜产品消费进一步升级,未来可考虑利用面板数据进一步分析消费者对动物福利乳制品支付意愿及其影响因素的异质性与动态性。

参考文献

[1][英]阿尔弗雷德·马歇尔:《经济学原理》,彭逸林、王威辉、商金艳译,人民日报出版社2009年版。

[2]包军:《动物福利学科的发展现状》,《家畜生态学报》1997年第1期。

[3]包军:《应用动物行为学与动物福利》,《家畜生态学报》1997年第2期。

[4]包军:《中国畜牧业的"动物福利"》,《农学学报》2018年第1期。

[5]柴同杰:《畜禽健康养殖与动物福利》,《中国家禽》2014年第22期。

[6]常芳媛:《论我国动物保护立法构建》,《法制与社会》2016年第4期。

[7]常纪文:《WTO与中国动物福利保护法的建设》,《广西经济管理干部学院学报》2003年第1期。

[8]陈宏惠、陈静怡、陈丽燕:《动物福利与动物养殖效益的辩证关系》,《科技信息》2010年第31期。

[9]陈松洲、翁泽群:《国际贸易中的动物福利问题研究及我国的对策》,《当代经济管理》2009 年第 3 期。

[10]程焕杰、王磊:《动物福利对养殖效益的影响》,《浙江农业科学》2021 年第 10 期。

[11]崔璨、黄聚滔、姜冰:《消费者动物福利乳制品购买意愿影响因素研究》,《现代商业》2021 年第 35 期。

[12]崔力航、李翠霞、包军、马翠萍、姜冰:《消费者对农场动物福利产品的支付意愿及影响因素研究——基于动物福利乳制品的视角》,《农业现代化研究》2021 年第 4 期。

[13]段辉娜、王巾英:《我国畜产品出口中的动物福利壁垒探析》,《中央财经大学学报》2007 年第 3 期。

[14]傅强:《动物有"福利"吗?——西方动物福利的政治经济学》,《国外社会科学》2015 年第 5 期。

[15]高鸿业:《西方经济学(微观部分)第八版》,中国人民大学出版社 2021 年版。

[16]高巍:《动物福利的正当性基础》,《思想战线》2010 年第 2 期。

[17]顾海英、王常伟:《转变生产消费方式诉求下的动物福利规制分析——基于防控新冠肺炎的思考》,《农业经济问题》2020 年第 3 期。

[18]顾宪红:《动物福利和畜禽健康养殖概述》,《家畜生态学报》2011 年第 6 期。

[19]顾宪红:《动物伦理与动物福利概述》,《兰州大学学报(社会科学版)》2015 年第 3 期。

[20]顾宪红:《如何寻找动物福利与养殖利润之间的平衡

点?》,《北方牧业》2017 年第 20 期。

[21]郭挺伟、元永平:《动物福利壁垒对我国动物产品出口的影响及对策》,《中国动物检疫》2012 年第 10 期。

[22]郭欣、严火其:《动物实验“3R”原则确立的研究》,《自然辩证法研究》2017 年第 12 期。

[23]郭欣、严火其:《农场动物福利“五大自由”思想确立研究》,《自然辩证法通讯》2019 年第 2 期。

[24]郭欣:《动物福利在英国发生的逻辑》,《科学与社会》2015 年第 2 期。

[25]韩纪琴、张懿琳:《消费者对动物福利支付意愿影响因素的实证分析——以未去势猪肉为例》,《消费经济》2015 年第 1 期。

[26]何东健、刘冬、赵凯旋:《精准畜牧业中动物信息智能感知与行为检测研究进展》,《农业机械学报》2016 年第 5 期。

[27][德]赫尔曼·海因里希·戈森:《人类交换规律与人类行为准则的发展》,陈秀山译,商务印书馆 1997 年版。

[28]季斌、张凤娟、孙世民:《养猪场户动物福利的认知、行为与意愿分析——基于山东省 533 家养猪场户的问卷调查》,《山东农业科学》2017 年第 11 期。

[29]贾幼陵:《动物福利概论》,中国农业出版社 2017 年版。

[30]姜冰:《基于动物福利视角的规模化奶牛养殖场经济效应分析》,《中国畜牧杂志》2021 年第 1 期。

[31]姜冰:《基于国际“5F”原则的规模化养殖场奶牛福利评价指标赋权研究》,《家畜生态学报》2021 年第 5 期。

[32][英]卡尔·波兰尼:《大转型:我们时代的政治与经济起源》,人民出版社 2007 年版。

[33]来燕:《动物福利保护的道德正当性》,《今古文创》2020年第46期。

[34]李淦、顾宪红:《动物福利思想的起源及其发展研究》,《家畜生态学报》2017年第5期。

[35]林红梅:《试论西方动物保护伦理的发展轨迹》,《学术交流》2005年第2期。

[36]刘刚、罗千峰、张利庠:《畜牧业改革开放40周年:成就、挑战与对策》,《中国农村经济》2018年第12期。

[37][美]刘易斯·艾肯:《态度与行为——理论、测量与研究》,何清华、雷霖、陈浪译,中国轻工业出版社2008年版。

[38]刘宇:《国际视角下的动物福利发展历史与概念内涵》,《生物学教学》2012年第3期。

[39]马群:《国内公众对动物福利的认知及进程分析——对比英国动物福利发展史》,《科技和产业》2019年第1期。

[40]马跃:《国际贸易中的动物福利壁垒浅析》,《北方经贸》2011年第11期。

[41]莽萍:《动物福利法溯源》,《河南社会科学》2004年第6期。

[42]穆军芳、周颖涵:《中英两国主流报纸动物福利新闻报道共时对比研究》,《南京工程学院学报(社会科学版)》2021年第3期。

[43]潘彦谷、刘衍玲、冉光明、雷浩、马建苓、滕召军:《动物和人类的利他本性:共情的进化》,《心理科学进展》2013年第7期。

[44]齐琳、包军、李剑虹:《动物福利与畜牧业发展》,《中国动物检疫》2008年第10期。

[45][俄]恰亚诺夫:《农民经济组织》,萧正洪译,中央编译出版社 1996 年版。

[46]乔新生:《动物福利立法不能脱离中国国情》,《中南财经政法大学学报》2004 年第 5 期。

[47]秦红霞:《非人类中心主义环境伦理下的动物保护思想梳理分析》,《野生动物学报》2020 年第 1 期。

[48]孙江、王利军:《动物保护思想的中西比较与启示》,《辽宁大学学报(哲学社会科学版)》2012 年第 2 期。

[49]孙江:《当代动物保护模式探析——兼论动物福利的现实可行性》,《当代法学》2010 年第 2 期。

[50]孙忠超、贾幼陵:《论动物福利科学》,《动物医学进展》2014 年第 12 期。

[51]万文龙、董秀雪、胡兵、俸艳萍、龚炎长:《湖北省畜牧业从业人员对家禽福利养殖相关问题的调查与分析》,《中国家禽》2019 年第 20 期。

[52]王常伟、顾海英:《动物福利认知与居民食品安全》,《财经研究》2016 年第 12 期。

[53]王常伟、顾海英:《基于消费者层面的农场动物福利经济属性之检验:情感直觉或肉质关联?》,《管理世界》2014 年第 7 期。

[54]王常伟、刘禹辰:《改善农场动物福利的经济机理、民众诉求与政策建议》,《云南社会科学》2021 年第 6 期。

[55]王宏国:《农场动物福利的来龙去脉》,《饲料广角》2016 年第 17 期。

[56]王明利:《改革开放四十年我国畜牧业发展:成就、经验及未来趋势》,《农业经济问题》2018 年第 8 期。

[57]王倩慧:《动物法在全球的发展及对中国的启示》,《国际法研究》2020年第2期。

[58]王延伟:《动物伦理学研究》,《中国环境管理干部学院学报》2006年第2期。

[59]吴林海、梁朋双、陈秀娟:《融入动物福利属性的可追溯猪肉偏好与支付意愿研究》,《江苏社会科学》2020年第5期。

[60]吴林海、吕煜昕、朱淀:《生猪养殖户对环境福利的态度及其影响因素分析:江苏阜宁县的案例》,《江南大学学报(人文社会科学版)》2015年第2期。

[61][美]西奥多·威廉·舒尔茨:《改造传统农业》,梁小民译,商务印书馆2006年版。

[62]肖星星:《美国、欧盟动物福利立法的发展与借鉴》,《世界农业》2015年第8期。

[63]熊慧、王明利:《欧美发达国家发展农场动物福利的实践及其对中国的启示——基于畜牧业高质量发展视角》,《世界农业》2020年第12期。

[64]徐玲玲、于甜甜、陈秀娟:《动物福利、瘦肉精检测、可追溯:消费者真实支付溢价》,《中国食品安全治理评论》2018年第2期。

[65][英]亚当·斯密:《国民财富的性质和原因的研究》,商务印书馆1974年版。

[66]严火其、李义波、尤晓霖、张敏、葛颖:《养殖企业从业人员"动物福利"社会态度研究》,《畜牧与兽医》2013年第8期。

[67]严火其、李义波、尤晓霖、张敏、刘志萍、葛颖:《中国公众对"动物福利"社会态度的调查研究》,《南京农业大学学报(社会

科学版)》2013年第3期。

[68]严火其:《科学与伦理的融合——以动物福利科学兴起为主的研究》,《自然辩证法通讯》2017年第6期。

[69]严火其:《世界主要国家和国际组织动物福利法律法规汇编》,江苏人民出版社2015年版。

[70]杨莲茹、孔卫国、杨晓野、刘珍莲:《动物福利法的历史起源、现状及意义》,《动物科学与动物医学》2004年第6期。

[71]杨义风、王桂霞、朱媛媛:《欧盟农场动物福利养殖的保障措施及对中国的启示——基于养殖业转型视角》,《世界农业》2017年第10期。

[72]尹国安、孙国鹏:《农场动物福利的评估》,《家畜生态学报》2013年第5期。

[73]尹晓青:《我国畜牧业绿色转型发展政策及现实例证》,《重庆社会科学》2019年第3期。

[74]于法稳、黄鑫、王广梁:《畜牧业高质量发展:理论阐释与实现路径》,《中国农村经济》2021年第4期。

[75]于浪潮、蒋磊、尹国安:《东北地区畜牧行业从业人员对动物福利认知的调查》,《黑龙江八一农垦大学学报》2018年第6期。

[76][英]约翰·理查德·希克斯:《价值与资本》,薛蕃康译,商务印书馆1962年版。

[77][美]詹姆斯·斯科特:《农民的道义经济学:东南亚的反抗与生存》,程立显等译,译林出版社2001年版。

[78]张振玲、孙朋、张海涛、顾开朗:《试论我国农场动物福利立法的紧要性》,《家畜生态学报》2018年第6期。

[79]张振玲:《新态势下农场动物福利与我国畜产品概述——从畜产品安全与品质、品牌、国际贸易和公众消费意愿等角度看》,《中国畜牧业》2018 年第 21 期。

[80]赵骏、倪竹:《动物福利政策在 WTO 规则下的拓展空间——经济、环境、文化间的冲突和协调》,《吉林大学社会科学学报》2015 年第 5 期。

[81]赵英杰:《公众动物福利理念调研分析》,《东北林业大学学报》2012 年第 12 期。

[82]郑微微、沈贵银:《我国农场动物福利养殖经济效益评价——以内蒙古富川饲料科技股份有限公司为例》,《江苏农业科学》2017 年第 21 期。

[83]周宁馨、苏毅清、钱成济、王志刚:《欧盟动物福利政策的发展及对我国的启示》,《中国食物与营养》2014 年第 8 期。

[84]Abeni, F., Petrera, F., Galli, A., "A Survey of Italian Dairy Farmers' Propensity for Precision Livestock Farming Tools", *Animals*, Vol.9, No.5, 2019.

[85]Ahmed, H., Alvasen, K., Berg, C., et al., "Assessing Economic Consequences of Improved Animal Welfare in Swedish Cattle Fattening Operations Using a Stochastic Partial Budgeting Approach", *Livestock Science*, Vol.232, 2020.

[86]Baumgartner, G., "Amendment of the German Animal Welfare Act and other Questions of Current Interest in Animal Welfare Legislation", *Deutsche Tierarztliche Wochenschrift*, Vol.106, 1999.

[87]Berckmans, D., "General Introduction to Precision Livestock Farming", *Animal Frontiers*, Vol.7, No.1, 2017.

[88] Berckmans, D., "Precision Livestock Farming Technologies for Welfare Management in Intensive Livestock Systems", *Revue Scientifique Et Technique*, Vol.33, No.1, 2014.

[89] Bernabucci, U., Mele, M., "Effect of Heat Stress on Animal Production and Welfare: The Case of Dairy Cow", *Agrochimica*, Vol.58, 2014.

[90] Blanc, S., Massaglia, S., Borra, D., et al., "Animal Welfare and Gender: A Nexus in Awareness and Preference when Choosing Fresh Beef Meat?", *Italian Journal of Animal Science*, Vol.19, No.1, 2020.

[91] Bozzo, G., Barrasso, R., Grimaldi, C.A., Tantillo, G., Roma, R., "Consumer Attitudes towards Animal Welfare and Their Willingness to Pay", *Veterinaria Italiana*, Vol.55, No.4, 2019.

[92] Buller, H., Blokhuis, H., Jensen, P., "Towards Farm Animal Welfare and Sustainability", *Animals*, Vol.8, No.6, 2018.

[93] Carnovale, F., Jin, X., Arney, D., Descovich, K., Guo, W., Shi, B.L., Phillips, C.J.C., "Chinese Public Attitudes towards, and Knowledge of, Animal Welfare", *Animals*, Vol.11, 2021.

[94] Carnovale, F., Xiao, J., Shi, B.L., Arney, D., Descovich, K., Phillips, C.J.C., "Gender and Age Effects on Public Attitudes to, and Knowledge of, Animal Welfare in China", *Animals*, Vol.12, 2022.

[95] Clark, B., Stewart, G.B., Panzone, L.A., et al., "Citizens, Consumers and Farm Animal Welfare: A Meta – Analysis of Willingness – To – Pay Studies", *Food Policy*, Vol.68, 2017.

[96] Clark, B., Stewart, G.B., Panzone, L.A., Kyriazakis, I., Frewer, L.J., "A Systematic Review of Public Attitudes, Perceptions and Behaviours towards Production Diseases Associated with Farm Animal Welfare", *Journal*

of Agricultural & Environmental Ethics, Vol.29, 2016.

[97] Coleman, G.J., Hemsworth, P.H., Hemsworth, L.M., Munoz, C.A., Rice, M., "Differences in Public and Producer Attitudes toward Animal Welfare in the Red Meat Industries", *Frontiers in Psychology*, Vol.13, 2022.

[98] Elbakidze, L., Nayga, R.M., "The Effects of Information on Willingness to Pay for Animal Welfare in Dairy Production: Application of Nonhypothetical Valuation Mechanisms", *Journal of Dairy Science*, Vol.95, No.3, 2012.

[99] Estevez-Moreno, L.X., Maria, G.A., Sepulveda, W.S., Villarroel, M., Miranda-de la Lama, G.C., "Attitudes of Meat Consumers in Mexico and Spain about Farm Animal Welfare: A Cross-Cultural Study", *Meat Science*, Vol.173, 2021.

[100] Gracia, A., Loureiro, M.L., Nayga, R.M., "Valuing an EU Animal Welfare Label Using Experimental Auctions", *Agricultural Economics*, Vol.42, 2011.

[101] Heise, H., Theuvsen, L., "Consumers' Willingness to Pay for Milk, Eggs and Meat From Animal Welfare Programs: A Representative Study", *Journal of Consumer Protection and Food Safety*, Vol.12, No.2, 2017.

[102] Heise, H., Theuvsen, L., "German Dairy Farmers' Attitudes toward Farm Animal Welfare and Their Willingness to Participate in Animal Welfare Programs: A Cluster Analysis", *International Food and Agribusiness Management Review*, Vol.21, 2018.

[103] Heleski, C.R., Mertig, A.G., Zanella, A.J., "Assessing Attitudes toward Farm Animal Welfare: A National Survey of Animal

Science Faculty Members", *Journal of Animal Science*, Vol.82, 2004.

[104] Heleski, C.R., Mertig, A.G., Zanella, A.J., "Results of a National Survey of US Veterinary College Faculty Regarding Attitudes toward Farm Animal Welfare", *Journal of the American Veterinary Medical Association*, Vol.226, 2005.

[105] Hewson, C.J., Baranyiova, E., Broom, D.M., et al., "Approaches to Teaching Animal Welfare at 13 Veterinary Schools Worldwide", *Journal of Veterinary Medical Education*, Vol.32, 2005.

[106] Hilda, K., "Animal Rights, Social and Political Change Since 1800", *Reaktion Books*, 1998.

[107] Holling, C. S., "Resilience and Stability of Ecological Systems", *Annual Review of Ecology and Systematics*, Vol.4, No.1, 1973.

[108] Ilyas, Q.M., Ahmad, M., "Smart Farming: An Enhanced Pursuit of Sustainable Remote Livestock Tracking and Geofencing Using Iot and GPRS", *Wireless Communications and Mobile Computing*, Vol.2020, 2020.

[109] Izmirli, S., Yigit, A., Phillips, C.J.C., "Attitudes of Australian and Turkish Students of Veterinary Medicine toward Nonhuman Animals and Their Careers", *Society & Animals*, Vol.22, 2014.

[110] Jackson, W. T., "Animal-Welfare and Law", *Veterinary Record*, Vol.100, 1997.

[111] Kendall, H., Lobao, L., Sharp, J., "Public Concern with Animal Well-Being: Place, Social Structural Location, and Individual Experience", *Rural Sociology*, Vol.71, 2006.

[112] Kupsala, S., Jokinen, P., Vinnari, M., "Who Cares about Farmed Fish? Citizen Perceptions of the Welfare and the Mental Abilities

of Fish",*Journal of Agricultural & Environmental Ethics*,Vol.26,2013.

[113] Kupsala, S., Vinnari, M., Jokinen, P., Rasanen, P., "Citizen Attitudes to Farm Animals in Finland: A Population - Based Study", *Journal of Agricultural & Environmental Ethics*,Vol.28,2015.

[114]Lagerkvist,C.J.,Hess,S.,"A Meta-Analysis of Consumer Willingness to Pay for Farm Animal Welfare", *European Review of Agricultural Economics*,Vol.38,No.1,2011.

[115]Lusk,J.L.,Norwood,F.B.,"Animal Welfare Economics", *Applied Economic Perspectives and Policy*,Vol.33,2011.

[116]Lutz,B.J.,"Sympathy,Empathy,and the Plight of Animals on Factory Farms",*Society & Animals*,Vol.24,2016.

[117]Ly,L.H.,Ryan,E.B.,Weary,D.M.,"Public Attitudes toward Dairy Farm Practices and Technology Related to Milk Production",*Plos One*,Vol.16,2021.

[118]Maria,G.A.,"Public Perception of Farm Animal Welfare in Spain",*Livestock Science*,Vol.103,2006.

[119] Martelli, G., "Consumers' Perception of Farm Animal Welfare: An Italian and European Perspective", *Italian Journal of Animal Science*,Vol.8,2009.

[120] Martens, P., Hansart, C., Su, B. T., "Attitudes of Young Adults toward Animals-The Case of High School Students in Belgium and the Netherlands",*Animals*,Vol.9,2019.

[121]Mazas,B., Manzanal,M.R.F., Zarza,F.J., Maria,G.A., "Development and Validation of a Scale to Assess Students' Attitude towards Animal Welfare",*International Journal of Science Education*,

Vol.35,2013.

[122] McGrath, N., Walker, J., Nilsson, D., Phillips, C., "Public Attitudes towards Grief in Animals", *Animal Welfare*, Vol.22, 2013.

[123] Meen, G.H., Schellekens, M.A., Slegers, M.H.M., "Sound Analysis in Dairy Cattle Vocalisation As a Potential Welfare Monitor", *Computer and Electronicsin Agriculture*, Vol.118, 2015.

[124] Mellor, D., Patterson-Kane, E., Stafford, K.J., *The Sciences of Animal Welfare*, New Jersey: Wiley-Blackwell, 2009.

[125] Miranda-de la Lama, G.C., Estevez-Moreno, L.X., Sepulveda, W.S., Estrada-Chavero, M.C., Rayas-Amor, A.A., Villarroel, M., Maria, G. A., "Mexican Consumers' Perceptions and Attitudes towards Farm Animal Welfare and Willingness to Pay for Welfare Friendly Meat Products", *Meat Science*, Vol.125, 2017.

[126] Miranda-de la Lama, G.C., Estevez-Moreno, L.X., Sepulveda, W.S., et al., "Mexican Consumers' Perceptions and Attitudes towards Farm Animal Welfare and Willingness to Pay for Welfare Friendly Meat Products", *Meat Science*, Vol.125, 2017.

[127] Napolitano, F., Pacelli, C., Girolami, A., et al., "Effect of Information about Animal Welfare on Consumer Willingness to Pay For Yogurt", *Journal of Dairy Science*, Vol.91, No.3, 2008.

[128] Olesen, I., Alfnes, F., Rora, M.B., Kolstad, K., "Eliciting Consumers' Willingness to Pay for Organic and Welfare-Labelled Salmon in A Non-Hypothetical Choice Experiment", *Livestock Science*, Vol.127, 2010.

[129] Ortega, D. L., Wolf, C. A., "Demand for Farm Animal

Welfare and Producer Implications: Results from a Field Experiment in Michigan", Food Policy, Vol.74, 2018.

[130] Ostovic, M., Mikus, T., Pavicic, Z., Matkovic, K., Mesic, Z., "Influence of Socio-Demographic and Experiential Factors on the Attitudes of Croatian Veterinary Students towards Farm Animal Welfare", *Veterinarni Medicina*, Vol.62, 2017.

[131] Pirrone, F., Mariti, C., Gazzano, A., Albertini, M., Sighieri, C., Diverio, S., "Attitudes toward Animals and Their Welfare among Italian Veterinary Students", *Veterinary Sciences*, Vol.6, 2019.

[132] Platto, S., Serres, A., Jingyi, A., "Chinese College Students' Attitudes towards Animal Welfare", *Animals*, Vol.12, 2022.

[133] Randler, C., Ballouard, J. M., Bonnet, X., Chandrakar, P., Pati, A. K., Medina-Jerez, W., Pande, B., Sahu, S., "Attitudes toward Animal Welfare among Adolescents from Colombia, France, Germany, and India", *Anthrozoos*, Vol.34, 2021.

[134] Randler, C., Adan, A., Antofie, M. M., Arrona-Palacios, A., Candido, M., Boeve-de Pauw, J., Chandrakar, P., Demirhan, E., Detsis, V., Di Milia, L., et al., "Animal Welfare Attitudes: Effects of Gender and Diet in University Samples from 22 Countries", *Animals*, Vol.11, 2021.

[135] Rao, Y., Jiang, M., Wang, W., Zhang, W., Wang, R., "On-Farm Welfare Monitoring System for Goats Based on Internet of Things and Machine Learning", *International Journal of Distributed Sensor Networks*, Vol.16, No.7, 2020.

[136] Rice, M., Hemsworth, L.M., Hemsworth, P.H., Coleman, G.

J.,"The Impact of a Negative Media Event on Public Attitudes towards Animal Welfare in the Red Meat Industry",*Animals*,Vol.10,2020.

[137] Robichaud, M. V., Rushen, J., de Passille, A. M., et al., "Associations between On-Farm Animal Welfare Indicators and Productivity and Profitability on Canadian Dairies: I. On Freestall Farms",*Journal of Dairy Science*,Vol.102,2019.

[138] Schulte, R., Earley, B., "Animal Welfare-Development of Methodology for Its Assessment",*Farm and Food Autumn*,1998.

[139] Sinclair, K.D., Garnsworthy, P.C., Mann, G.E., "Reducing Dietary Protein in Dairy Cow Diets: Implications for Nitrogen Utilization, Milk Production, Welfare and Fertility", *Animal*, Vol. 8, No.2,2014.

[140] Sinclair, M., Derkley, T., Fryer, C., Phillips, C. J. C., "Australian Public Opinions Regarding the Live Export Trade before and after an Animal Welfare Media Exposé",*Animals*,Vol.8,2018.

[141] Solgaard, H. S., Yang, Y. K., "Consumers' Perception of Farmed Fish and Willingness to Pay for Fish Welfare", *British Food Journal*,Vol.113,2011.

[142] Spain, C.V., Freund, D., Mohan-Gibbons, H., et al., "Are they Buying it? United States Consumers' Changing Attitudes toward More Humanely Raised Meat, Eggs, and Dairy", *Animals*, Vol. 8, No.8,2018.

[143] Spooner, J. M., Schuppli, C. A., Fraser, D., "Attitudes of Canadian Citizens toward Farm Animal Welfare: A Qualitative Study", *Livestock Science*,Vol.163,2014.

[144]Su,B.,Martens,P.,"Public Attitudes toward Animals and the Influential Factors in Contemporary China", *Animal welfare*, Vol.26,2017.

[145]Thompson,J.,"Field study to Investigate Space Allocation in Housed Dairy Cows and the Impact on Health and Welfare",*Cattle Practice*,Vol.26,No.2,2018.

[146]Uehleke,R.,Huttel,S.,"The Free-Rider Deficit in the Demand for Farm Animal Welfare-Labelled Meat",*European Review of Agricultural Economics*,Vol.46,2019.

[147]van Rooijen J.,"DU-Evidenz, Applied Ethology and Animal-Welfare",*The British Veterinary Journal*,Vol.141,No.3,1985.

[148]Wambui,J., Lamuka,P., Karuri,E., Matofari,J.,"Animal Welfare Knowledge,Attitudes,and Practices of Stockpersons in Kenya", *Anthrozoos*,Vol.31,2018.

[149]Webster, A. J. F., "Farm Animal Welfare: The Five Freedoms and the Free Market",*Veterinary Journal*,Vol.161,2001.

[150]Wigham,E.E.,Grist,A.,Mullan,S.,Wotton,S.,Butterworth,A., "Gender and Job Characteristics of Slaughter Industry Personnel Influence Their Attitudes to Animal Welfare",*Animal Welfare*,Vol.29,2020.

[151]You,X.L.,Li,Y.B.,Zhang,M.,Yan,H.Q.,Zhao,R.Q., "A Survey of Chinese Citizens' Perceptions on Farm Animal Welfare",*Plos One*,Vol.9,2014.

[152]Zhao,Y.J.,Wu,S.S.,"Willingness to Pay:Animal Welfare and Related Influencing Factors in China",*Journal of Applied Animal Welfare Science*,Vol.14,2011.

